高等职业教育机械类
新形态一体化教材

U0343888

机械制造基础

主编
余东满 李晓静

副主编
杨青原 岳碰飞

机械基础类
引领系列

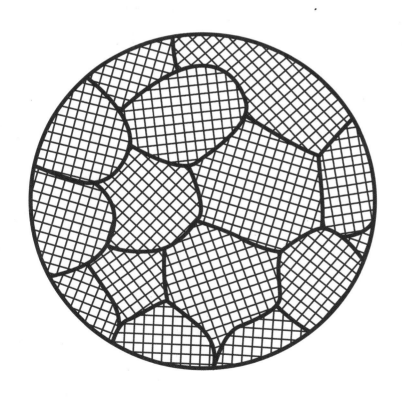

高等教育出版社·北京

内容简介

本书是高等职业教育机械大类新形态一体化教材，也是国家级精品课程配套教材，共九章。

本书是作者在多年从事企业工程实践和高职教育教学的基础上，依据最新国家标准编写而成的。本书共分为九章：工程材料基础知识、铁碳合金相图及钢的热处理、工程用金属材料、工程用非金属材料、金属材料铸造成型、金属材料塑性成形、金属材料焊接成型、金属零件选材与成型、先进制造技术等。

本书重点 / 难点的知识点 / 技能点配有动画、微课等丰富的数字化资源，视频类资源可通过扫描书中二维码在线观看，学习者也可登录智慧职教（www.icve.com.cn）搜索课程"机械制造基础"进行在线学习。

本书既可作为高职高专院校机械制造及自动化、机电一体化等相关专业的教学用书，也可作为成人教育、各类培训学校及机械制造专业本科生的教学用书。

授课教师如需要本书配套的教学课件资源，可发送邮件至邮箱 gzjx@pub.hep.cn 索取。

图书在版编目（CIP）数据

机械制造基础 / 余东满，李晓静主编 . -- 北京：
高等教育出版社，2021.6
    ISBN 978-7-04-054000-0

Ⅰ.①机… Ⅱ.①余… ②李… Ⅲ.①机械制造 - 高等职业教育 - 教材 Ⅳ.① TH

中国版本图书馆 CIP 数据核字（2020）第 060933 号

机械制造基础
Jixie Zhizao Jichu

策划编辑	吴睿韬	责任编辑	吴睿韬	封面设计	张志奇	版式设计	杨 树
插图绘制	于 博	责任校对	李大鹏	责任印制	赵义民		

出版发行	高等教育出版社	网 址	http://www.hep.edu.cn
社 址	北京市西城区德外大街 4 号		http://www.hep.com.cn
邮政编码	100120	网上订购	http://www.hepmall.com.cn
印 刷	北京盛通印刷股份有限公司		http://www.hepmall.com
开 本	787mm×1092mm 1/16		http://www.hepmall.cn
印 张	12.25		
字 数	270 千字	版 次	2021年6月第1版
购书热线	010-58581118	印 次	2021年6月第1次印刷
咨询电话	400-810-0598	定 价	37.80 元

本书如有缺页、倒页、脱页等质量问题，请到所购图书销售部门联系调换
版权所有 侵权必究
物 料 号 54000-00

▮▮ "智慧职教" 服务指南

"智慧职教"是由高等教育出版社建设和运营的职业教育数字教学资源共建共享平台和在线课程教学服务平台，包括职业教育数字化学习中心平台（www.icve.com.cn）、职教云平台（zjy2.icve.com.cn）和云课堂智慧职教 App。用户在以下任一平台注册账号，均可登录并使用各个平台。

- 职业教育数字化学习中心平台（www.icve.com.cn）：为学习者提供本教材配套课程及资源的浏览服务。

登录中心平台，在首页搜索框中搜索"机械制造基础"，找到对应作者主持的课程，加入课程参加学习，即可浏览课程资源。

- 职教云（zjy2.icve.com.cn）：帮助任课教师对本教材配套课程进行引用、修改，再发布为个性化课程（SPOC）。

1. 登录职教云，在首页单击"申请教材配套课程服务"按钮，在弹出的申请页面填写相关真实信息，申请开通教材配套课程的调用权限。

2. 开通权限后，单击"新增课程"按钮，根据提示设置要构建的个性化课程的基本信息。

3. 进入个性化课程编辑页面，在"课程设计"中"导入"教材配套课程，并根据教学需要进行修改，再发布为个性化课程。

- 云课堂智慧职教 App：帮助任课教师和学生基于新构建的个性化课程开展线上线下混合式、智能化教与学。

1. 在安卓或苹果应用市场，搜索"云课堂智慧职教"App，下载安装。

2. 登录 App，任课教师指导学生加入个性化课程，并利用 App 提供的各类功能，开展课前、课中、课后的教学互动，构建智慧课堂。

"智慧职教"使用帮助及常见问题解答请访问 help.icve.com.cn。

配套资源索引

配套资源索引

▎前言

"机械制造基础"是一门关于机械零件材料及其制造方法的综合性课程，是应用型本科和高职高专机械类专业必修的专业课程。

学生通过学习本课程，获得常用机械工程材料基础知识，为学习相关课程和未来从事机械工程技术工作奠定必要的基础。本书系统地介绍了机械工程材料的性能应用及改进材料性能的工艺方法、金属材料的成型工艺方法及其在机械制造中的应用和联系等方面的基础性知识。本书涉及面广，实践性强。

本书内容主要包括工程材料基础知识、铁碳合金相图及钢的热处理、工程用金属材料、工程用非金属材料、金属材料铸造成型、金属材料塑性成形、金属材料焊接成型、金属零件选材与成型、先进制造技术等部分组成。学习本课程要重视实践性教学环节，特别是金工实习和生产实习。

本书按 70 学时编写，内容丰富、涉及面广、适应性强。不同学校、不同专业使用本书时，可按具体教学需要进行调整。

本书由河南工业职业技术学院教师主持编写。编写人员有：余东满（第 1 章）、李晓静（第 2 章、第 3 章、第 6 章、第 7 章）、杨青原（第 4 章、第 5 章）、岳鹏飞（第 8 章、第 9 章）。

本书编写过程中参阅大量国内外相关文献，在此对文献作者表示感谢。

由于编者水平有限，难免存在缺憾与不足，敬请广大读者批评指正。

作者

2020 年 7 月

Ⅲ 目录

绪论

"机械制造基础"是一门关于常用机械零件材料、材料热处理及机械零件制造方法的综合性技术基础课。全书系统地介绍了金属材料的性能、应用及改进材料性能的工艺方法；金属材料的成型工艺方法及其在机械制造中的应用和联系；机械零件的切削加工等方面的基础性知识。

古代中国在材料生产及其成型加工技术等方面，遥遥领先于全世界。原始社会后期就开始生产陶器，仰韶文化和龙山文化时期，制陶技术已经成熟。青铜冶炼始于夏代，殷商西周时期技术水平已相当先进，青铜制造的工具、兵器、车饰等广泛应用。河南安阳出土的商代后母戊青铜方鼎，充分反映出古代青铜冶炼与铸造成型的高超技艺。

春秋战国时期，开始大量使用铁器，白口铸铁、麻口铸铁和可锻铸铁等相继出现。战国铁器中就有浇铸农具用的铁模子。随后出现炼钢、锻造、钎焊和退火、淬火、正火、渗碳等热处理技术。中华民族在材料成型及加工制造方面，对世界文明和科技进步做出了卓越贡献。

近代欧美产业革命促进了钢铁工业、煤化学工业和石油化学工业的快速发展，各类新材料不断涌现。航空工业的发展，充分证实了材料研究对科技发展至关重要。世界第一架飞机用到的主要结构材料是木材和帆布，飞行速度极低；硬铝合金研制成功后，金属结构取代木布结构，飞机性能和速度获得飞跃性提高；高温合金涡轮发动机推动喷气式飞机超音速飞行；航天飞机表面温度高达 1 000 ℃以上，高温合金材料及防氧化涂层是首选方案；目前，玻璃纤维增强塑料、碳纤维高温陶瓷复合材料、陶瓷纤维增强塑料等复合材料在飞行装备上已获得应用。

当今，机械制造业开始沿着劳动密集、设备密集、信息密集、知识密集的方向前进，与此同时，制造技术的生产方式也沿着智能自动化的方向发展。微电子技术、信息技术和自动化技术的快速发展，推动制造技术转向高质量与柔性化，先后出现了数控（NC）加工等多项先进制造技术与柔性制造单元（FMC）、柔性制造系统（FMS）等制造模式，使制造业面临一场新的技术革命。

"机械制造基础"是应用型本科、高职高专机械类专业必修的综合性技术基础课，通过课程教学指导学生获得常用机械工程材料基础知识，为学习机械工程专业课程并为未来从事机械工程技术工作奠定必要的基础。课程内容主要包括金属材料的力学性能、金属材料的晶体结构与结晶过程、铁碳合金相图及钢的热处理、工程用金属材料、工程用非金属材料、金属材料铸造成型、金属材料塑性成形、金属材料焊接成型、金属零件选材与成型等部分组成。

学完本课程后应达到下列基本要求：

（1）熟悉常用机械工程材料的结构、结晶与性能之间的关系及规律。

（2）掌握常用机械工程材料的性能与应用，初步具备选择机械工程材料的能力。

（3）了解相关机械工程材料的新技术、新工艺及发展情况。

微课
课程简述 1

课程简述 2

1

第 1 章　工程材料基础知识

知识目标

（1）掌握：金属的主要力学性能指标及含义。

（2）理解：金属晶粒细化原理和方法。

（3）理解：金属的同素异构转变。

（4）了解：实际金属的晶格结构及其常见缺陷。

能力目标

（1）能用强度、塑性、硬度等概念分析金属材料的力学性能。

（2）能用设备测定金属材料硬度指标。

（3）表述金属晶粒细化方法及纯铁的同素异构特性。

学习导航

在机械制造领域中选用金属材料，力学性能是主要参考依据。机械零部件，首先要满足基本力学性能要求。力学性能是指金属材料在受到各种载荷（外力）作用时，表现出的抵抗能力。力学性能主要包括：强度、塑性、硬度、冲击韧度、疲劳强度等。金属材料和非金属材料相比，不但拥有良好的力学性能和物理化学性能，而且机械加工工艺性能优良。不同成分的金属具有不同性能，例如，纯铁强度比纯铝高，但其导电性和导热性不如纯铝。成分相同的金属，处于不同运行工况时，力学性能也有显著的差异。造成性能差异的主要原因是材料内部组织结构，掌握金属的内部结构和结晶规律，对于合理选取材料具有重要意义。

1.1　金属材料的力学性能

1.1.1　静态力学性能

1. 强度

材料在加工制造与使用过程中受到的外力称为载荷。根据作用性质，载荷可分为静载荷、冲击载荷和交变载荷三种。

（1）静载荷。不随时间变化的恒定载荷（如自重）或加载速度非常缓慢的载荷，称为静载荷。例如床头箱对机床床身的压力。

（2）冲击载荷。短时间内以反复冲击形式作用的载荷或非周期性变化的随机载荷，称为冲击载荷。例如空气锤下落时锤杆所承受的载荷。

（3）交变载荷。周期性产生作用的动载荷。例如机床主轴就是在交变载荷作用下工作的。

根据作用方式，载荷又可分为拉伸载荷、压缩载荷、弯曲载荷、剪切载荷和扭转载荷等，如图 1-1 所示。

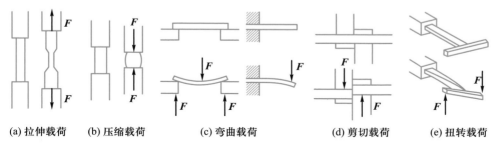

(a) 拉伸载荷　　(b) 压缩载荷　　(c) 弯曲载荷　　(d) 剪切载荷　　(e) 扭转载荷

图 1-1
载荷按作用方式分类

金属材料在载荷作用下抵抗塑性变形或断裂的能力，称为强度。材料强度越高，能承受的载荷越大。强度是衡量零件本身承载能力（即抵抗失效能力）的重要指标，是机械零部件首先应满足的基本要求。依据载荷作用方式，机械零件的强度一般可以分为抗拉强度、抗压强度、屈服强度、抗弯强度、抗扭强度、抗剪强度、疲劳强度、断裂强度、冲击强度、高温和低温强度、耐腐蚀强度及胶合强度等。工程上多以抗拉强度作为判定金属强度高低的指标。

1）标准试样

上述多项强度指标中，屈服强度和抗拉强度最为常用。屈服强度和抗拉强度可通过拉伸试验测定，它是工程上最常用的力学试验方法之一。试验时，先将被测材料制成标准试样，其拉伸前后如图 1-2 所示。试样标距长度为 l_0，直径为 d_0。根据标距长度与直径之间的比值关系，试样分为长试样（$l_0=10d_0$）和短试样（$l_0=5d_0$）两种。按照试验规范，把标准试样装夹在试验机上，然后对试样逐渐施加拉伸载荷，连续测量拉力和试样伸长量，直至把试样拉断为止，记录下数据并绘制出拉伸曲线，在拉伸曲线图上得到相关力学性能指标。

微课
金属材料的强度

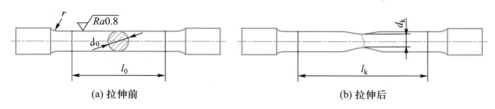

(a) 拉伸前　　　　　　　　　　(b) 拉伸后

图 1-2
标准试样拉伸前后

2）拉伸曲线

材料在外力作用下发生变形，与此同时，材料内部会产生抵抗变形的内力，其大小与外力相等且方向相反。单位横截面积上的内力称为应力，单位为帕（Pa），工程界多使用兆帕（MPa），$1MPa=10^6Pa$ 或 $1MPa=1N/mm^2$，应力符号以 σ 表示。如图 1-3 所示为低碳钢拉伸曲线（F-ΔL 曲线），由图 1-3 可知，低碳钢试样在拉伸过程中，共经历三个变形阶段，分别为弹性变形、塑性变形和断裂变形。当载荷不超过 F_p 时，拉伸曲线 OP 是一条直线，即试样的伸长量与载荷成正比，载荷卸除后，试样立即恢复到原始尺寸，即试样处于弹性变形阶段。载荷为 F_p～F_e 时，试样伸长量与载荷已不再成正比关系，卸除载荷，试样仍然能恢复到原始尺寸，仍处于弹性变形阶段。

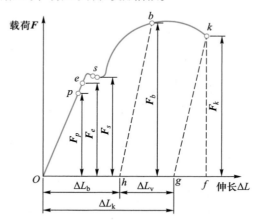

图 1-3
低碳钢拉伸曲线

当载荷超过 F_e 后，试样将进一步伸长，此时卸除载荷，弹性变形虽然部分消失，但试样不能恢复到原始长度，对应的这部分变形称为塑性变形或永久变形。

当载荷增加到 F_s 时，试样开始出现明显塑性变形，拉伸曲线上出现了水平锯齿形线段，这种现象称为屈服。

当载荷继续增加，达到最大值 F_b 时，试样局部截面迅速缩小，产生了"缩颈"现象。试样局部截面快速减少，载荷也同步降低，到达拉伸曲线上 k 点时，试样就被拉断。

为了使曲线能够直接反映材料力学性能，用应力 σ 代替载荷 F，应变 ε 代替伸长量 ΔL，绘制成曲线，称为应力－应变曲线（σ-ε 曲线）。σ-ε 曲线和 F-ΔL 曲线形状相似，仅是坐标含义不同。

3）强度指标

低碳钢拉伸过程中，有如下几个重要的强度指标。

（1）弹性极限：金属材料在载荷作用下产生弹性变形时所能承受的最大应力称为弹性极限，用符号 σ_e 表示，即

$$\sigma_e=F_e/S_0$$

式中：F_e——试样发生弹性变形时承受的最大拉伸力，N；

　　　　S_0——试样原始横截面积，mm^2。

（2）屈服强度：当载荷增加到 F_s 时，即使不再增加载荷，试样仍然继续伸长，这种现象称为屈服。屈服强度是指试样产生屈服现象时的最小应力，即开始出现塑性变形时的应力，用符号 σ_s 表示，即

$$\sigma_s=F_s/S_0$$

式中：F_s——试样产生屈服时的拉伸力，N；

　　　S_0——试样原始横截面积，mm^2。

对于铸铁等脆性材料，由于屈服现象不明显，工程上规定以产生 0.2% 的微量塑性变形的应力为屈服强度。

（3）抗拉强度：当载荷超过 F_s 以后，试样将继续产生变形。载荷达到最大值后，试样发生"缩颈"，有效截面积急剧减小，直至产生断裂。抗拉强度是试样断裂前能够承受的最大拉应力，多用符号 σ_b 表示，部分教材采用新标准符号 R_m 表示，即

$$\sigma_b = F_b / S_0$$

式中：F_b——试样断裂前能承受的最大拉伸力，N；

　　　S_0——试样原始横截面积，mm^2。

对于工程中用到的金属材料，不仅希望其拥有较高的屈服强度 σ_s，还希望具有一定的屈强比（σ_s / σ_b）。屈强比越小，零件可靠性越高，超载工作也不会立即断裂。但屈强比太小，材料强度的有效利用率会降低。一般在性能允许的情况下，屈强比取 0.75 较为合适。

2. 塑性

金属材料在载荷作用下产生塑性变形而不断裂的能力称为塑性，塑性指标也是通过拉伸试验测定的。常用塑性指标有断后伸长率和断面收缩率。

1）断后伸长率

试样被拉断后，标距的相对伸长量与原始标距长度的百分比，称为断后伸长率，用符号 A（或 δ）表示，即

$$A = \frac{(L_u - L_0)}{L_0} \times 100\%$$

式中：L_0——试样原始标距长度，mm；

　　　L_u——试样被拉断时标距长度，mm。

被测试样长度不同，测得的断后伸长率是不同的，长、短试样断后伸长率分别用符号 A_{10} 和 A_5 表示，通常 A_{10} 也简写为 A。

2）断面收缩率

试样被拉断后，缩颈处横截面积的最大缩减量与试样原始横截面积的百分比，称为断面收缩率，用符号 Z（或 ψ）表示，即

$$Z = \frac{S_0 - S_u}{S_0} \times 100\%$$

式中：S_0——试样原始横截面积，mm^2；

　　　S_u——试样被拉断时缩颈处最小横截面积，mm^2。

断面收缩率不受试样尺寸的影响，因此能更可靠地反映材料的塑性大小。

断后伸长率和断面收缩率是材料的重要性能指标。它们的数值越大，材料的塑性越好。金属材料塑性的优劣，对零件的加工与使用有十分重要的影响。例如，低碳钢的塑性良好，可以进行压力加工；普通铸铁的塑性差，不便进行压力加工，只能进行铸造。此

微课
金属材料力学
性能试验

试验一　低碳
钢拉伸试验

试验二　铸铁
拉伸试验

试验三　铸铁
压缩试验

外，由于材料具有一定的塑性，能够保证零部件不至于因稍有超载而突发断裂，增加了材料使用的安全性和可靠性。

3. 硬度

硬度是指金属表面局部范围内抵抗弹性变形、塑性变形或压痕划伤的能力。它是金属材料的重要性能之一，也是检验机械零件表面质量的一项重要指标。

材料的硬度越高，耐磨性能越好。硬度是工具、导轨等零件选材的主要依据。硬度试验的方法有很多种，一般分为三类，即压入法、划痕法和回跳法。目前工业生产中应用最广的是静载荷压入法。在一定的载荷下，用特定几何形状的压头压入被测试金属材料表面，根据材料被压入后表面范围内的变形程度来评定硬度值。目前工程上经常采用的是布氏硬度、洛氏硬度和维氏硬度等测试法。

1）布氏硬度

布氏硬度测定原理如图 1-4 所示。用特定大小的载荷 F，把直径为 D 的硬质合金球压入被测材料表面，保持一定时间后卸除载荷，测量出压痕的平均直径 d，用金属表面压痕面积 S 除以载荷 F 所得的商，作为布氏硬度值，用符号 HBS（HBW）表示，即

$$HBS（HBW）= \frac{F}{S} = \frac{0.102 \times 2F}{\pi D \left(D - \sqrt{D^2 - d^2} \right)}$$

式中：HBS（HBW）——用钢球（或硬质合金球）试验时的布氏硬度值；

F——试验力，N；

S——球面压痕表面积，mm^2；

D、d——球体直径、压痕平均直径，mm。

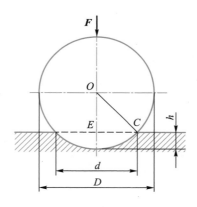

图 1-4
布氏硬度测定原理

实际应用中，布氏硬度值既不需要计算，也不用标注单位，只需测出压痕直径 d，根据压痕直径与布氏硬度对照表即可查出硬度值。

目前布氏硬度主要用于铸铁、非铁金属以及经退火、正火和调质处理的钢材。布氏硬度试验是在布氏硬度试验机上进行的。当 F/D^2 的比值保持恒定时，能使同一材料测得的布氏硬度值相同，不同材料的硬度值可以比较。试验后用读数显微镜在两个垂直方向测出压痕直径，根据测得的 d 值，查表求出布氏硬度值。布氏硬度试验规范见表 1-1。

表 1-1 布氏硬度试验规范

材料	硬度 HBS	试样厚度 /mm	F/D^2	D/mm	F/N	载荷保持 /s
钢铁材料	140~450	6~3	30	10	3 000	10
		4~2		5	750	
		<2		2.5	187.5	
	<140	>6	10	10	1 000	10
		6~3		5	250	
		<3		2.5	62.5	
铜合金及镁合金	36~130	>6	10	10	1 000	30
		6~3		5	250	
		<3		2.5	62.5	
铝合金及轴承合金	8~35	>6	2.5	10	250	60
		6~3		5	62.5	
		<3		2.5	15.6	

布氏硬度试验的优点是：测出硬度值准确可靠，压痕面积大，能消除组织不均匀引起的测量误差；布氏硬度值与抗拉强度之间有近似的正比关系。布氏硬度试验的缺点是：淬火钢球作压头时，不能用来测量大于 450HBS 的材料；硬质合金球作压头时，也不宜超过650HBW；压痕面积大，不适宜测量成品零件硬度，也不宜测量薄件硬度；测量速度慢，测得压痕直径后还需计算或查表，不适合大批量生产零件的硬度检验。

2）洛氏硬度

以顶角为 120° 的金刚石圆锥体或一定直径的淬火钢球作压头，施加规定的试验力将其压入试样表面，根据压痕的深度确定被测金属的硬度值，即洛氏硬度。如图 1-5 所示，当载荷和压头一定时，测得的压痕深度 $h=h_3-h_1$ 较大，则表示材料硬度偏低。一般来说，人们习惯于数值越大硬度越高的思维，为此，用一个常数 K 减去 h，并规定每 0.002mm 深为一个硬度单位，用符号 HRA、HRB、HRC 表示，即

$$HRC（HRA）=（K-h）/0.002=100-h/0.002$$

$$HRB=（K-h）/0.002=130-h/0.002$$

式中：HRC（HRA、HRB）——用压头（金刚石圆锥体、硬质合金球）试验时的洛氏硬度；

K——常数，对 HRC，K 为 0.2；对 HRB，K 为 0.26；

h——压痕深度，mm。

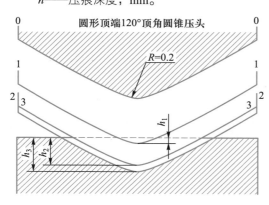

图 1-5
洛氏硬度试验原理

7

根据载荷和压头不同，洛氏硬度值采用了 3 种标尺，即 HRA、HRB、HRC，其中以 HRC 应用最广。常用洛氏硬度的试验条件和应用范围见表 1-2。

表 1-2 常用洛氏硬度的试验条件和应用范围

洛氏硬度	压头类型	总载荷 /N	测量范围	应用范围
HRA	120° 金刚石圆锥体	588.4	20～88HRA	高硬度表面、硬质合金
HRB	直径 1.588mm 淬火钢球	980.7	20～100HRB	软钢、灰铸铁、非铁金属
HRC	120° 金刚石圆锥体	1 471.1	20～70HRC	一般淬火钢件

洛氏硬度是在洛氏硬度试验机上测定的，硬度值可直接从表盘上读出。洛氏硬度符号 HR 前面的数字为硬度值，后面的字母表示级数。如 60HRC 表示 C 标尺测定的洛氏硬度值为 60。

洛氏硬度试验的优点是操作简便迅速，硬度值可直接读出，压痕较小，可直接在工件上完成检测；采用不同标尺，可测定多种材料硬度以及厚薄不同的试样硬度，因而广泛用于热处理质量的检验。缺点是压痕较小，代表性差，当金属材料中有偏析及组织不均匀等缺陷时，测得硬度值的重复性差，分散度大。

3）维氏硬度

维氏硬度试验原理与布氏硬度试验原理相似，如图 1-6 所示。利用顶角为 136° 的金刚石四棱锥体作为压头，施加特定载荷 F 压入试样表面，保持一定时间后卸除载荷，试样表面形成一个底面为正方形的四方锥形压痕，测量压痕两条对角线的平均长度 d。根据 d 算出压痕的表面积 S，单位压痕表面积承受试验力的大小就是维氏硬度值，用符号 HV 表示，即

$$HV = F/S = 1.854\,4 \times 0.102 \times F/d^2$$

式中：F——试验载荷，N；

d——压痕对角线长度平均值，mm。

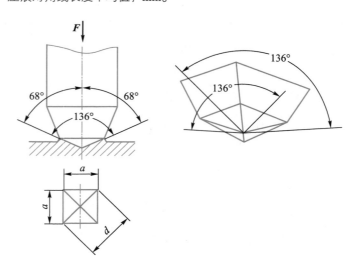

图 1-6
维氏硬度试验原理

实际使用中，可直接从硬度计上读出对角线长度 d，或者测出其对角线平均长度，通过查表法获得硬度值。维氏硬度的单位一般省略不写。

维氏硬度符号 HV 前面是硬度值，符号 HV 后附注试验载荷。如 640HV30/20 表示在 30×9.8N 作用下保持 20s 后测得的维氏硬度值为 640。维氏硬度的优点是加载小，压痕深度浅，可用于零件表面淬硬层测量，测量对角线长度 d 的误差小。缺点是维氏硬度测量效率比洛氏硬度测量效率低，不宜批量检测。

维氏硬度试验时的外加载荷常用值有 49N、98N、196N、294N 及 490N，根据材料硬度或试样厚度选用。材料越硬，厚度越小或硬化层越薄，载荷也就越小。维氏硬度试验是一种比较精确的硬度试验方法，多用来测定化学热处理工件的表面硬度及小型薄壁工件的硬度，广泛用于材料研究工作中。

4）其他硬度

显微硬度是从维氏硬度引入的，测定时选用更低的载荷，得到轻微压痕，适于测定单独相材料硬度。

纳米硬度是比显微硬度更精细的超微观硬度法。测量仪器是纳米硬度计，有压痕硬度和划痕硬度两种工作模式，主要用于电子薄膜、各类涂层、表面材料及改性材料的硬度检测。

努氏硬度的测量原理与维氏硬度相似，根据压痕单位投影面积承受的试验力大小来表示硬度值。压痕为细长菱形，有较高的测量精度。

肖氏硬度的测定采用了弹性回跳法，使撞销从一定高度落到试样表面发生回跳，用测得的回跳高度表示硬度，是一种动载试验法。肖氏硬度计携带方便，便于现场测试，测量效率高，特别适合于冶金及重型机械行业中的大型工件，如曲轴、轧辊、特大齿轮等。肖氏硬度值可与布氏硬度值、洛氏硬度值换算。

1.1.2　动态力学性能

1. 冲击韧度

许多机械零件工作于冲击载荷下，如锻锤的锤杆、冲床的冲头、火车挂钩、活塞等。冲击载荷比静载荷破坏性大，对于冲击环境下的零部件，不仅要求其具有高强度和适当塑性，还必须具备足够的冲击韧度。因此，工作状态下的材料不宜单独用静载荷下的性能来衡量，而必须用抵抗冲击载荷作用而不破坏的能力，即冲击韧度来衡量。目前应用最普遍的冲击韧度测量方法是一次摆锤弯曲冲击试验。将开有缺口的标准试样放置于冲击试验机的两支座上，试样缺口背向摆锤冲击方向，如图 1-7 所示，将质量为 m 的摆锤提升到 h_1 的高度，摆锤由此高度下落过程将试样冲断，并回升到 h_2 高度。因此，冲断试样所消耗的功为 $A_k = mg(h_1 - h_2)$。金属的冲击韧度就是冲断试样时在缺口处单位面积所消耗的功，用符号 α_k 表示，即

$$\alpha_k = A_k / S_0$$

式中：α_k——冲击韧度，J/cm^2；

　　　S_0——试样缺口处原始横截面积，cm^2；

　　　A_k——冲断试样所消耗的功，J。

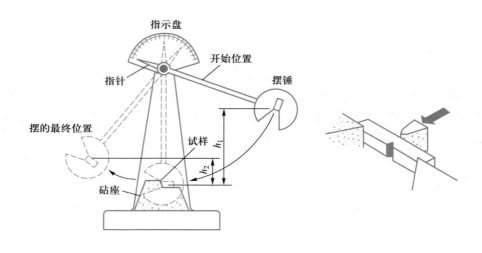

图 1-7
冲击试验原理

微课
金属材料的冲击韧性

冲击吸收功 A_k 值可从试验机刻度盘上直接读出。对于常规钢材，A_k 值代表材料冲击韧度的高低，A_k 值越低，表示材料冲击韧度越差。

冲击韧度是一个重要的力学性能指标。脆性材料（如铸铁）的冲击试验中，试样一般不用开缺口，因为开缺口的试样冲击值过低，难以比较不同材料冲击性能的差异。测定出的冲击吸收功的组成比较复杂，冲击韧度的大小与很多因素有关，不仅受试样形状、表面粗糙度、内部组织影响，还与试验环境温度有关，使得测得数值难以真实反映材料的韧脆性质。冲击韧度一般作为材料选择的参考指标，不直接用于强度计算。

材料冲击韧度与塑性之间有一定的联系，A_k 值较高的材料，一般都有较高的塑性指标。但塑性好的材料其 A_k 值未必高，这是因为静载下充分变形的材料，冲击载荷下未必能迅速地塑性变形。

冲击韧度与试验温度有关。部分材料，常温试验中并不显示脆性，较低温度下却发生脆断。材料冲击韧度急剧降低的温度，称作"脆性转变温度"，它与材料成分、显微组织和试验条件等因素有关。金属材料脆性转变温度越低，表明金属越能在低温中承受冲击载荷，因此脆性转变温度的高低也是金属材料的一个性能指标。

材料不同，其脆性转变温度也不同。动载荷下工作的机件，很少因冲击而被破坏，而是在轻载荷重复冲击下失效，如曲轴气门弹簧等。材料承受多次重复冲击的能力，主要取决于动载荷下的材料强度。强度高则抗冲击能力强，反之则抗冲击能力弱。

2. 疲劳强度

许多机械零件，如转轴、齿轮、轴承、弹簧等，工作中承受的是交变载荷。虽然零件所受应力远低于材料屈服点，但在长期交变载荷作用下，往往会突然发生断裂，称为疲劳断裂。疲劳破坏是机械零件失效的主要原因之一，大约 80% 以上机械零件的失效属于疲劳破坏。疲劳破坏前缺乏明显变形特征，而是突然性出现断裂。因此，疲劳破坏经常造成重大事故。

工程规定，无裂纹材料的疲劳性能指标有疲劳强度（也叫疲劳极限）和疲劳缺口敏感度等。通常材料疲劳性能指标的测定是在旋转弯曲疲劳试验机上进行的。交变载荷下，金属材料承受的交变应力 σ 和材料断裂前交变应力循环次数 N 之间的关系，用疲劳曲线来描述，如图 1-8 所示。金属材料承受交变应力 σ 越大，则断裂时应力循环次数 N 越小；反之 σ 越小，则 N 越大。应力低于某值时，应力循环无数次也不会发生疲劳断裂，该应力称为材料疲劳强度（亦称疲劳极限），用 σ_D 表示。疲劳极限是金属材料在无限次交变应力作用下不发生破坏的最大应力。交变应力是对称循环时，如图 1-9 所示，疲劳极限用符号 σ_{-1} 表示。实际上，对金属材料不可能做无限次交变载荷试验。对于黑色金属，一般规定循环周次为 10^7 而不破坏的最大应力为疲劳强度，非铁金属和某些高强度钢，规定循环周次为 10^8。

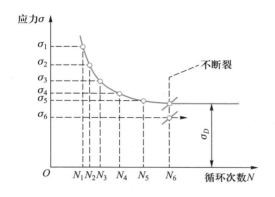

图 1-8
疲劳曲线

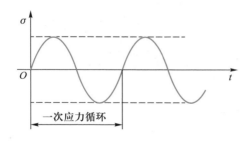

图 1-9
对称循环交变应力曲线

疲劳破坏通常发生在金属材料薄弱部位，如热处理产生的氧化、脱碳、过热、裂纹等区域。钢中的非金属夹杂物、试样表面气孔、划痕等缺陷均会造成应力集中，使疲劳强度下降。加工时降低零件表面粗糙度值，或者采取表面强化处理，如表面淬火、渗碳、氮化、喷丸等，使零件表层产生残余压应力，可抵消零件工作时的部分拉应力，从而提升零件的疲劳强度。

提高疲劳强度的途径如下：金属产生疲劳破坏同许多因素有关，目前普遍认为源于材料的内部缺陷，如夹杂物、气孔、疏松等；表面划痕、残余应力及应力集中等缺陷会导致微裂纹产生，微裂纹随应力循环次数增大而逐渐扩展，致使零件发生突然断裂。因此，提高零件的疲劳强度，应改善结构设计，避免应力集中；改进加工工艺，减少内部组织缺陷。

微课
金属材料的疲劳强度

1.2 金属的结构与结晶

材料的结构是指材料组成单元之间平衡时的空间排列方式，从宏观到微观可分为不同的层次，即宏观组织结构、显微组织结构和微观结构。宏观组织结构是指用肉眼或放大镜能观察到的结构，如晶粒、相的集合状态等。显微组织结构，又称为亚微观结构，是借助光学显微镜或电子显微镜观察到的结构，尺寸为 $10^{-7}\sim10^{-4}$m。材料的微观结构是指组成原子（或分子）间的结合方式及组成原子在空间的排列方式。自然界的固态物质，根据内部原子的排列特征可分为晶体与非晶体两大类。物质内部原子呈有规则排列的固体物质，称为晶体，绝大多数金属及合金都是晶体。内部原子呈无序堆积状况的固体物质，称为非晶体，如松香、玻璃、沥青等。晶体与非晶体，由于原子排列方式不同，性能也有差异。晶体有固定的熔点，性能呈各向异性；非晶体没有固定的熔点，表现为各向同性。

1.2.1　金属的理想晶体结构

1. 晶体结构的基础知识

（1）晶格。为了描述晶体内部原子排列规律，将原子抽象为几何点，用一些线段将几何点在三维方向上连接起来构成一个空间格子，如图 1-10 所示。这种抽象描述原子在晶体中排列规律的空间格子称为晶格。

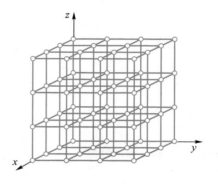

图 1-10
晶格

（2）晶胞。晶体中原子排列具有周期性变化特点，从晶格中选取一个完整反映晶格特征的最小几何单元称为晶胞，如图 1-11 所示。

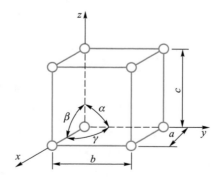

图 1-11
晶胞

（3）晶格常数。晶胞的大小以棱边尺寸 a、b、c 表示，称为晶格常数，以 Å（埃）为单位来度量（1Å$=10^{-8}$cm）。晶胞各棱边之间的夹角分别以 α、β、γ 表示。当棱边 $a=b=c$，棱边夹角 $\alpha=\beta=\gamma=90°$ 时，这种晶胞称为简单立方晶胞。

（4）原子半径。金属晶体中相邻近原子间距的一半，称为原子半径，它主要取决于晶格类型和晶格常数。

（5）致密度。金属晶胞中原子本身所占有的体积百分数称为致密度，它用来表示原子在晶格中排列的紧密程度。

2. 三种常见晶格类型

常用金属材料中，金属晶格类型有很多，多数属于体心立方晶格、面心立方晶格和密排六方晶格三种结构。

1）体心立方晶格

如图 1-12（a）所示，它的晶胞是一个立方体，原子位于立方体的八个顶角和立方体的中心。属于体心立方晶格类型的常见金属有铬（Cr）、钨（W）、钼（Mo）、钒（V）、铁（912℃以下为 α-Fe）等。这类金属一般都具有相当高的强度和塑性。

2）面心立方晶格

如图 1-12（b）所示，它的晶胞也是一个立方体，原子位于立方体的八个顶角和立方体的六个面中心。属于面心立方晶格类型的常见金属有铝（Al）、铜（Cu）、铅（Pb）、金（Au）和铁（912℃以上为 γ-Fe）等。这类金属的塑性要优于体心立方晶格的金属。

3）密排六方晶格

如图 1-12（c）所示，它的晶胞是一个正六棱柱体，原子排列在柱体的每个顶角和上下底面的中心，另外三个原子位于柱体内部。属于密排六方晶格类型的常见金属有镁（Mg）、锌（Zn）、铍（Be）、钛（α-Ti）等。

微课
金属的理想晶体结构

微课
晶体结构观察试验

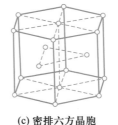

(a) 体心立方晶胞　　　(b) 面心立方晶胞　　　(c) 密排六方晶胞

图 1-12
常用金属晶格的晶胞

1.2.2 金属的实际晶体结构

前面学习金属晶体结构时，把晶体看作是原子按一定几何规律呈周期性排列而形成的，即晶体内部的晶格位向是完全一致的，这种晶体称为单晶体。目前，只有采用特殊方法才能获得单晶体。

1. 多晶体结构

实际使用的金属材料都是多晶体结构，由许多不同位向的小晶体组成。每个小晶体

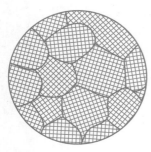

图 1-13
金属的多晶体结构

内部晶格位向基本上是一致的，但各小晶体之间位向却不相同，如图 1-13 所示。这种外形不规则，呈颗粒状的小晶体称为晶粒。晶粒与晶粒之间的界面称为晶界。由许多晶粒组成的晶体称为多晶体。

2. 晶体缺陷

金属晶体受晶体形成条件、原子热运动及其他因素影响，在局部区域原子规则排列状况受到破坏，呈现出不完整现象，称为晶体缺陷。根据缺陷的几何特征，晶体缺陷分为点缺陷、线缺陷和面缺陷等三类。

（1）点缺陷。常见的点缺陷有空位、间隙原子和置换原子等，如图 1-14 所示。发生点缺陷时，周围原子出现"撑开"或"靠拢"的现象，称为晶格畸变。晶格畸变引发金属内应力，使晶体性能发生变化，例如，强度、硬度和电阻增加，体积发生变化，它是强化金属的手段之一。

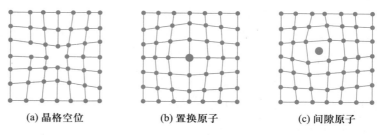

(a) 晶格空位　　　　　(b) 置换原子　　　　　(c) 间隙原子

图 1-14
点缺陷示意图

（2）线缺陷。线缺陷主要指的是位错。常见的位错形态是刃形位错，如图 1-15 所示。晶体的某一晶面上，多出一个半原子面，如同刀刃一样插入晶体，称为刃形位错，位错线附近范围内，晶格发生畸变。位错对金属力学性能有较大影响。例如，金属材料处于退火状态时，位错密度较低，强度较差；冷塑性变形后，材料位错密度增大，强度提高。在金属加工领域，提高位错密度是强化金属的重要途径之一。位错在晶体中易于移动，金属材料的塑性变形正是通过位错运动实现的。

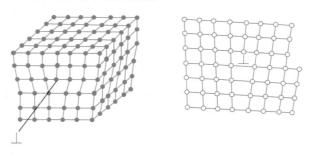

图 1-15
刃形位错示意图

（3）面缺陷。面缺陷指的是晶界和亚晶界。实际金属材料大部分都是多晶体结构，多晶体中两个相邻晶粒之间晶格位向不同，晶界处正是不同位向晶粒原子排列无规则的过渡层，如图 1-16 所示。晶界原子处于亚稳定状态，能量较高，因此晶界与晶粒内部有不同特性。常温下晶界有较高的强度和硬度；晶界处原子扩散速度较快；晶界容易腐蚀、熔点低。

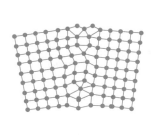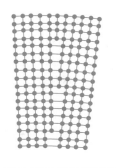

微课
金属的实际晶体结构

图 1-16
面缺陷示意图

综上所述,晶体中存在的空位、间隙原子、置换原子、位错、晶界和亚晶界等结构缺陷,都会使晶格发生畸变,从而引起塑性变形抗力增大,使金属的强度提高。

1.2.3 金属的结晶过程

金属的组织与结晶过程关系密切,结晶后形成的组织对金属使用性能和工艺性能有直接影响,因此了解金属和合金的结晶规律非常有必要。物质由液态转变为固态的过程称为凝固。如果凝固的固态物质是晶体,则这种凝固又称为结晶。一般金属固态下是晶体,所以金属的凝固过程可称为结晶。

1. 纯金属的结晶

1)纯金属的冷却曲线

金属的结晶过程可以通过热分析法进行研究。将纯金属加热熔化成液体,缓慢冷却过程中多次测量温度,直到冷却至室温,将测量结果绘制在温度 – 时间坐标图上,便得到纯金属的冷却曲线,即温度随时间变化的曲线。

由冷却曲线可知,液态金属随冷却时间延长,内部热量不断散失,温度也不断下降,但是当冷却到某一温度时,温度随时间延长并不变化,在冷却曲线上出现了"平台","平台"对应的温度就是纯金属的结晶温度。出现"平台"的原因是结晶释放的潜热正好补偿金属向外界散失的热量。结晶完成后,金属继续向环境放热,温度又开始逐渐下降。

参数 T_0 为理论结晶温度,实际液态金属总是冷却到理论结晶温度(T_0)以下才开始结晶,如图 1-17 所示。实际结晶温度(T_1)总是低于理论结晶温度(T_0)的现象,称为"过冷现象";理论结晶温度与实际结晶温度之差为过冷度,以 ΔT 表示, $\Delta T = T_0 - T_1$ 。金属结晶时过冷度的大小与冷却速度有关,冷却速度越快,金属实际结晶温度越低,过冷度就越大。

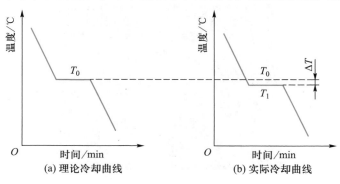

图 1-17
金属结晶时的冷却曲线

2）纯金属的结晶过程

液态金属中的原子活动能力很强，做不规则热运动。随着液态金属温度的下降，金属原子活动能力随之减弱，原子间吸引力增强。达到凝固温度时，在液体的部分区域，原子规则地排列形成细微晶状组织结构。较小的晶状结构极易消散在液体中，只有较大的晶状结构才可以稳定存在并进一步长大。微小晶状组织结构就是结晶核心，简称晶核。如图1-18 所示，晶核形成后依靠吸附周围液体金属的原子而长大，同时液态金属中又会不断地产生新的晶核并不断长大，直到全部液体转变成固体，完成结晶过程。因此，结晶过程由晶核的产生和晶核长大两个基本过程组成，并且两个过程又是先后或同时进行的。

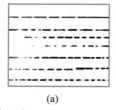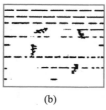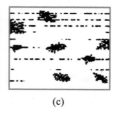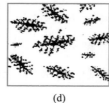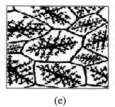

(a)　　　　　　(b)　　　　　　(c)　　　　　　(d)　　　　　　(e)

图 1-18
纯金属结晶过程

金属结晶过程中，大量晶核不断地形成并长大。起初每个晶体都在按照自己的方向自由地生长，保持规则的外形，随着晶核长大，晶体形成棱角。棱角处散热速度快，因而优先长大，如树枝一样先形成枝干，称为一次晶轴，如图1-19 所示，然后再形成分枝，称为二次晶轴，依此类推。晶核的这种成长方式称为树枝状长大，如图1-20 所示为钢锭中的树枝状晶体。

微课
纯金属的结晶

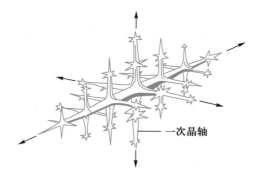

一次晶轴

图 1-19
树枝状晶体生长

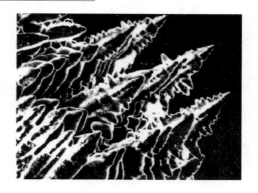

图 1-20
钢锭中的树枝状晶体

晶体在长大过程中，彼此接触后在接触处被迫停止生长，规则外形遭到破坏，凝固后便形成了许多互相接触而外形不规则的晶体。这些外形不规则的晶体通称为晶粒。由于各晶粒是由不同的晶核长大而来的，故每个晶粒的晶格位向都不同，自然地形成了晶粒之间的分界面，称为晶界。正如前面所讲，物质内部原子呈规则排列的称为晶体，在晶体内部，如果晶格位向是完全一致的，则这种晶体称为单晶体，如图 1-21（a）所示。实践生产中，金属材料的体积即使很小，仍包含了大量外形不规则的小晶体（晶粒）。每个小晶体内部的晶格位向是一致的，而每个小晶体彼此之间的位向都不相同。这种由许多晶粒组成的晶体称为多晶体，如图 1-21（b）所示。

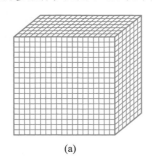
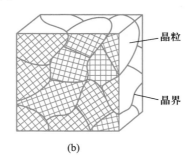

    (a)   (b)

晶粒

晶界

图 1-21
单晶体和多晶体结构

单晶体在不同的晶面和晶向上，原子排列疏密程度不同，因此在不同的方向上性能有差异，这种现象称为"各向异性"或"有向性"。多晶体由于各个晶粒的位向不同，它们的"有向性"彼此抵消，整体呈现无向性，称为"伪无向性"。

3）晶粒大小对力学性能的影响

试验表明，晶粒大小对力学性能有很大影响。晶粒越小，金属的力学性能越好；反之则力学性能越差。晶粒大小对纯铁力学性能的影响见表 1-3。

表 1-3 晶粒大小对纯铁力学性能的影响

晶粒平均直径 /μm	抗拉强度 σ_b/MPa	屈服强度 σ_s/MPa	延伸率 A/%
97	165	40	28.8
70	180	38	30.6
25	211	44	39.5
2	263	57	48.8
1.6	264	65	50.7
1.0	278	116	50.0

为了提高金属的力学性能，必须控制金属结晶后的晶粒大小。晶粒大小可用晶粒平均直径或单位体积内晶粒数目来表示，平均直径越小，数目越多，则晶粒越小。分析结晶过程可知，金属晶粒的大小取决于结晶时的形核率 N（单位时间、单位体积内形成晶核的数目）与晶核的长大速度 G。形核率越大，晶核数目就越多，晶核长大的余地越小，结晶后晶粒越小；长大速度越小，晶核长大时间段内会产生越多晶核，晶粒数目也就越多，意味着晶粒越小。因此，细化晶粒的根本途径是控制形核率与长大速度，常用以下几种方法。

（1）增加过冷度。如图 1-22 所示，形核率和长大速度都随过冷度增大而增大，但在很大的范围内形核率比长大速度变化更快，因此增加过冷度总能使晶粒细化。铸造生产中，用金属型浇注得到的铸件比用砂型浇注得到的铸件晶粒更细，就是因为金属型铸造的冷却散热更快。

（2）变质处理。在金属液中添加少量活性物质，促进液态金属形核或促进晶体成长过程的工艺方法，称为变质处理。例如在铸造铸铁时加入硅铁、铸造铝硅合金时加入钠的化合物，都能达到细化晶粒目的。

（3）细晶强化。通过细化晶粒而提高金属材料力学性能的方法称为细晶强化。试验表明，常温下的细晶粒金属比粗晶粒金属有更高的强度、硬度、塑性和韧性。细晶粒的金属材料受到外力而发生的塑性变形可分散到更多晶粒内进行，塑性变形较均匀，应力集中较小；此外，晶粒越小，晶界面积越大，晶界越曲折，越不利于裂纹的扩展。工业上经常通过细化晶粒提高材料强度。

微课
金属组织的强化

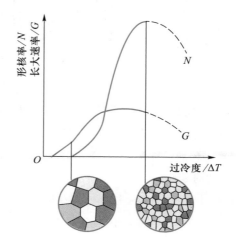

图 1-22
晶粒大小曲线与过冷度曲线的关系

2. 合金的结晶

合金是由两种或两种以上的金属元素或金属元素与非金属元素组成的金属材料。纯金属虽有良好的导电性、导热性和塑性，但强度和硬度低，成本较高，种类有限，无法满足金属材料多样性的要求。因此，除特殊需要外，工业上应用最为广泛的金属材料是合金。

1）相关术语

合金比纯金属复杂得多，相关术语如下。

（1）组元。组成合金的最基本的独立单元称为组元，组元可以是组成合金的元素或稳定的化合物。组元在一般情况下是元素，如黄铜是由 Cu 和 Zn 组成的二元合金，硬铝是由 Al、Cu、Mg 组成的三元合金，保险熔丝是由 Sn、Bi、Cd、Pb 组成的四元合金。既不发生分解，也不发生化学反应的稳定化合物，也可称为组元，如 Fe_3C、Al_2O_3、CaO 等。

（2）合金系。若干给定组元按不同比例配制成一系列不同成分的合金，构成一个合金系统，简称合金系。例如，黄铜是 Cu 和 Zn 组成的二元合金系，含碳量不同的碳钢和生铁构成铁碳合金系。

（3）相。晶体中化学成分一致，物理状态相同，有明显界面的部分称为相。如水和冰虽然化学成分相同，但物理状态不同，因此是两个相。冰可碎成许多块，但还是一个固相。

（4）组织。组织是指由单相或多相组成具有一定形态的聚合物，一般指金属由哪些相组成，以及相与相的配置状态。纯金属的组织是由一个相组成的，合金的组织可以是一个相，也可以由两个或两个以上的相组成。使用显微镜观察到的金属材料特征和形貌称为显微组织。显微组织对金属的性能起着重要的作用。

2）合金的基本结构

熔化状态下，合金各组元能相互溶解成为均匀熔液，就只有一个相。冷却结晶过程中，各组元间相互作用力不同，因此可以得到固溶体、金属化合物及机械混合物等三种类型的结构。

（1）固溶体。一种组元均匀地溶解在另一组元中形成的晶体相，称为固溶体。形成固溶体后，晶格保持不变的组元称为"溶剂"，晶格消失的组元称为"溶质"。固溶体是单相，它的晶格类型与溶剂组元相同。根据溶质原子在溶剂晶格中的分布情况，固溶体可分为置换固溶体和间隙固溶体两种类型。

①置换固溶体。置换固溶体是指溶质原子占据溶剂晶格中部分正常位置而形成的固溶体，即溶剂原子在晶格中的部分位置被溶质原子替换，如图1-23（a）所示。

(a) 置换固溶体　　　　　**(b) 间隙固溶体**

图 1-23
两种固溶体结构

根据溶解度的不同，置换固溶体可分为无限固溶体与有限固溶体。无限固溶体即溶质能以任何比例溶入溶剂中，如铜镍合金就是无限固溶体。有限固溶体的溶解度有一定限度，如黄铜中的含锌量低于39%时，所有的锌都能溶解于铜中，形成单相的 α 固溶体；当含锌量大于39%时，组织中除固溶体外，还将出现铜与锌的化合物。形成无限固溶体的必要条件是：两组元具有相同晶格，原子直径相差较小。若不能满足条件，则只能形成有限固溶休。

②间隙固溶体。间隙固溶体是指溶质原子分布在溶剂晶格间隙处形成的晶体相，如图1-23（b）所示。显然，只有溶剂原子直径较大而溶质原子直径较小时，才能形成这种固溶体。例如，碳溶解在 α-Fe 中形成的固溶体就是间隙固溶体。

如图1-24所示，溶质原子与溶剂原子总有大小和性能上的差别，不论形成置换固溶体还是间隙固溶体，晶格常数必然有所变化，晶格发生扭曲畸变使晶体的位错运动阻力和合金塑性变形抗力增大，由此使合金的性能得到强化。由于形成固溶体而引起合金强度、硬度升高的现象称为固溶强化。固溶强化是提高金属材料性能的重要途径之一。

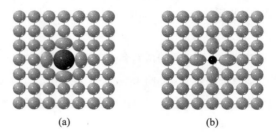

(a)　　　　　　　　　(b)

图 1-24
固溶体中溶质原子引起的晶格畸变

（2）金属化合物。合金中各组元的原子按整数比例结合形成的晶体相，称为金属化合物。晶体相与各组元不同，有自己特殊的晶格，因此化合物也是单相，也可以视作是一个组元。例如，钢中的渗碳体 Fe_3C，其性能和各组元完全不同，纯铁硬度约为 80HBS，石墨硬度约为 3HBS，而 Fe_3C 硬度却高达 800HBW，脆性很大。因此，渗碳体组元使钢的强度、硬度提高，韧性、塑性下降。

（3）机械混合物。纯金属、固溶体和金属化合物都是组成合金的基本相，机械混合物就是两种以上的相紧密混合而成的独立整体。机械混合物的性能取决于组成各相的性能，以及各相的数量、形状、大小与分布等。

3）合金相图与铁碳合金相图

如果纯金属成分单一，在特定温度下进行结晶，结晶过程简单，用一条冷却曲线即可描述。合金结晶凝固过程和纯金属虽有相似之处，但由于含有多种原子，使得绝大多数合金的结晶过程发生在某一温度范围内，结晶过程中组成合金的相及聚合状态还会发生变化。所以，合金的结晶过程比纯金属要复杂得多，需要用相图才能表达清楚。

（1）合金相图

合金相图是用来表示在十分缓慢冷却条件（平衡条件）下，合金状态与温度及成分之间关系的图形。相图亦称为状态图或平衡图，用于研究合金成分、温度和晶体结构之间的变化规律。利用相图，可以正确制定热加工工艺规程。由于工业上应用最为广泛的合金是钢和铸铁，本书只介绍铁碳合金相图。

铁碳合金就是由铁和碳两种元素为主构成的二元合金。碳的质量分数高于 6.69% 的铁碳合金在工业上没有应用价值，故只研究碳的质量分数小于 6.69% 的铁碳合金，其组元是 Fe 和 Fe_3C。

（2）铁碳合金的基本相及组织

铁碳合金在液态时可以无限互溶，固态时碳能溶解于铁的晶格中，形成间隙固溶体。当含碳量超过铁的溶解度时，多余的碳就与铁形成化合物。此外，还可以形成由固溶体和化合物组成的机械混合物。铁碳合金的基本相及组织有五种，具体内容将在第 2 章详细讲解。

1.2.4　金属的同素异构转变

有些固态金属有两种以上的晶格形式，结晶后的冷却过程中，随着温度变化，晶格形

微课
合金的晶体结构

式也发生变化。金属在固态下随温度改变，由一种晶格转变为另一种晶格的现象，称为同素异构转变。同素异构转变得到的不同晶格的晶体，称为同素异晶体。同一金属的同素异晶体，按其稳定存在的温度，由低温到高温，依次用希腊字母 α、β、γ、δ 等表示。能同素异构转变的金属有铁（Fe）、钴（Co）、钛（Ti）、锡（Sn）、锰（Mn）等。如图 1-25 所示为纯铁的同素异构转变曲线。

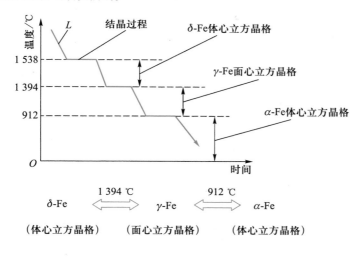

图 1-25
纯铁的同素异构转变曲线

液态纯铁在 1 538℃进行结晶，得到体心立方晶格的 δ-Fe，继续冷却到 1 394℃时，发生同素异构转变而成为面心立方晶格的 γ-Fe，持续冷却到 912℃时，又发生同素异构转变而成为体心立方晶格的 α-Fe。如果继续冷却，晶格类型不再变化。转变过程可以用图 1-25 中的转化式表示。

金属的同素异构转变与液态金属的结晶过程相似，遵循液体结晶的一般规律，即恒温结晶。转变时有过冷现象，放出（或吸收）潜热；包含晶体形核和晶体长大两个基本过程。

同素异构转变时，晶核优先在原来晶粒的晶界处形成，并向原晶粒内部成长，直到原晶粒全部消失为止，转变过程具有较大的过冷度和内应力。

铁的同素异构转变是铁的一项重要特性。正是由于铁能发生同素异构转变，才使钢和铸铁热处理能够实现，从而控制冷却速度，改变其组织性能。发生同素异构而改变晶粒大小，达到改变金属性能的目的，具有重要应用价值。

复习思考题

1. 金属材料的性能包括哪些？各自的概念是什么？

2. 静载荷下的力学性能有哪些？其中哪些性能可以由拉伸试验测得？

3. 什么叫晶体、单晶体、多晶体和晶体结构？

4. 金属中常见的晶体结构有哪些？

5. 什么叫结晶？什么叫结晶温度和过冷度？画出纯金属的冷却曲线。

第2章 铁碳合金相图及钢的热处理

知识目标

（1）掌握：铁碳合金相图点、线、区的含义及基本组织特征和分类。

（2）掌握：钢的热处理原理、目的和分类。

（3）掌握：退火、正火、淬火和回火工艺特点及应用。

（4）理解：典型合金的结晶过程及热处理零件的结构工艺性。

（5）了解：表面热处理、化学热处理工艺方法的特点及应用。

能力目标

（1）分析铁碳合金的基本相及基本组织。

（2）根据 $Fe-Fe_3C$ 相图分析铁碳合金的含碳量与力学性能的关系。

（3）区分和选择钢的热处理工艺。

学习导航

钢铁材料是现代工业中应用最为广泛的合金。铁碳合金是以铁和碳为基本组元的二元合金。钢铁材料适用范围广泛的原因在于可用的成分跨度大，从接近于无碳的工业纯铁到含碳 4% 左右的铸铁，在此范围内合金的相结构和微观组织有很大变化；此外，可采用各种热加工工艺，尤其金属热处理工艺，大幅度地改变某一成分合金的组织和性能。

钢铁与其他材料相比，具有更高的强度和硬度，可以铸造和锻压，也可以切削加工和焊接。通过适当的热处理工艺，能显著提高其各项性能。要合理地选择钢铁材料，就必须了解钢铁材料的成分、组织和性能之间的关系。

钢的热处理是指将钢在固态下进行加热、保温和冷却，改变内部组织，以获得预期性能的一种工艺方法。根据热处理目的、要求以及加热和冷却条件的不同，金属材料热处理主要有普通热处理、表面热处理和化学热处理。钢的热处理方法虽多，但任何一种热处理工艺都是由加热、保温和冷却三个阶段组成的。

2.1 铁碳合金基本组织及相图分析

2.1.1 铁碳合金基本组织

自然界中大多数金属在结晶后，晶格类型不再变化，但少数金属，如铁、锰、钛等，结晶成固体后若继续冷却，其晶格还会发生变化。金属在固态下晶格类型随温度（或压力）发生变化的现象称为同素异构转变。以不同晶格形式存在的同一金属元素的晶体，称为该金属的同素异构晶体。

如图 2-1 所示为纯铁的冷却曲线。由图可见，液态纯铁在 1 538℃出现结晶，获得体心立方晶格的 δ-Fe，继续冷却到 1 394℃时发生同素异构转变，δ-Fe 转变为面心立方晶格的 γ-Fe，冷却到 912℃时又发生同素异构转变，转变为体心立方晶格的 α-Fe。继续冷却到室温，晶格不再发生变化。纯铁的同素异构转变可用下式表示：

$$\delta\text{-Fe} \xleftrightarrow{1\,394℃} \gamma\text{-Fe} \xleftrightarrow{912℃} \alpha\text{-Fe}$$

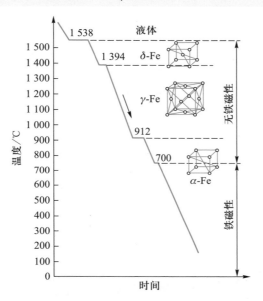

图 2-1
纯铁的冷却曲线

金属的同素异构转变与液态金属结晶过程有许多相似之处：有特定的转变温度；转变时有过冷现象；放出或吸收潜热；转变过程有晶体的形核和长大过程。

但同素异构转变属于固态相变，转变时还具有固态相变的特征，如：转变需要较大的过冷度；晶格的改变伴随着体积的变化，转变时会产生较大的内应力。例如，γ-Fe 转变为 α-Fe 时，铁的体积会膨胀约 1%，这是因为淬火过程产生了内应力，也容易导致金属变形或开裂。纯铁有同素异构转变的特征，因此可通过热处理改善其性能。

铁碳合金中的碳元素，既可以与铁元素作用形成金属化合物，也可以溶解在铁元素中形成间隙固溶体，或者形成化合物与固溶体组成的机械混合物。铁碳合金共有五种基本组织形态，其相关参数见表 2-1。

表 2-1　铁碳合金基本组织的相关参数

组织名称	符号	w_C (%)	温度区间/℃	力学性能			性能特点
				σ_b/MPa	A/%	HBW	
铁素体	F	0～0.021 8	室温～912	180～280	30～50	50～80	具有良好的塑性、韧性，较低的强度、硬度

23

续表

组织名称	符号	w_C (%)	温度区间/℃	力学性能			性能特点
				σ_b/MPa	A/%	HBW	
奥氏体	A	0～2.11	727 以上	—	40～60	120～220	强度、硬度虽不高，却具有良好的塑性，尤其是具有良好的锻压性能
渗碳体	Fe₃C	6.69	室温～1 148	30	0	800	高熔点，高硬度，塑性和韧性几乎为零，脆性极大
珠光体	P	0.77	室温～727	20	35	180	强度较高，硬度适中，有一定的塑性，具有较好的综合力学性能
莱氏体	L'_d	4.30	室温～727	—	0	>700	性能接近于渗碳体，硬度很高，塑性、韧性极差
	L_d		727～1 148	—	—	—	

1）铁素体

碳溶于 α-Fe 中形成的间隙固溶体称为铁素体，用符号 F 表示，其保持 α-Fe 的体心立方晶格结构，其显微组织如图 2-2 所示。晶格间隙较小，溶碳能力很差，在 727℃时最大碳的质量分数 w_C 仅为 0.021 8%，室温时降至 0.000 8%。铁素体由于溶碳量低，因此其力学性能与纯铁相似，即塑性较好，冲击韧度较高，而强度和硬度较低。

图 2-2
铁素体显微组织

2）奥氏体

碳溶于 γ-Fe 中形成的间隙固溶体称为奥氏体，用符号 A 表示，其保持 γ-Fe 的面心立方晶格结构。晶格间隙较大，因此溶碳能力比铁素体强，在 727℃时 w_C 为 0.77%，1 148℃时 w_C 达到 2.11%。奥氏体的强度和硬度不高，但具有良好的塑性，是绝大多数钢在高温下进行压力加工的理想组织。

3）渗碳体

渗碳体是铁和碳组成的具有复杂斜方结构的间隙化合物，用化学式 Fe₃C 表示。渗碳体中的碳质量分数为 6.69%，硬度极高（800HBW），塑性和韧性几乎为零。渗碳体主要以铁碳合金中强化相的形态存在。

4）珠光体

珠光体是铁素体和渗碳体组成的机械混合物，用符号 P 表示，其显微组织如图 2-3 所示。缓慢冷却条件下，珠光体中 w_C 为 0.77%，力学性能介于铁素体和渗碳体之间，强度较高，硬度适中，有一定的塑性。

图 2-3
珠光体显微组织

5）莱氏体

莱氏体是 w_C 为 4.3% 的合金，缓慢冷却到 1 148℃，液相中结晶出奥氏体和渗碳体的共晶组织，用符号 L_d 表示，其显微组织如图 2-4 所示。冷却到 727℃时，奥氏体转变为珠光体。室温下莱氏体由珠光体和渗碳体组成，称为低温莱氏体，用符号 L_d' 表示。莱氏体中有大量渗碳体，性能与渗碳体相似，硬度高，塑性差。

微课
铁碳合金基本组织

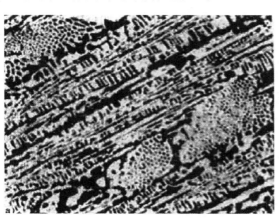

图 2-4
莱氏体显微组织

2.1.2　铁碳合金相图分析

铁碳合金相图是展示铁碳合金成分、温度、组织变化规律的简明图形，也是选择材料和制定有关热加工工艺的重要依据。w_C>6.69% 的铁碳合金脆性极大，在工业生产中没有使用价值，因此只需要学习研究 w_C<6.69% 的部分。w_C=6.69% 对应的正好全部是渗碳体，可以把它看作一个组元，因此学习研究的铁碳相图是 Fe-F$_3$C 相图，如图 2-5 所示。

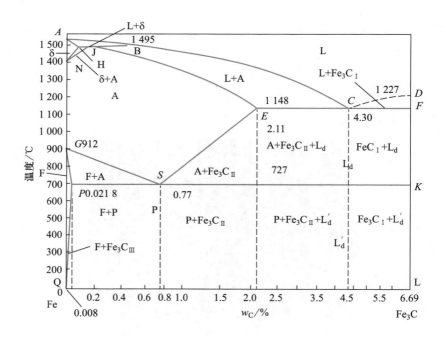

图 2-5
Fe-F₃C 相图

图 2-5 中纵坐标为温度，横坐标为碳的质量分数。为了便于掌握和分析 Fe-Fe₃C 相图，将其实用意义不大的左上角部分以及左下角 GPQ 线左边部分予以省略，简化 Fe-Fe₃C 相图如图 2-6 所示。

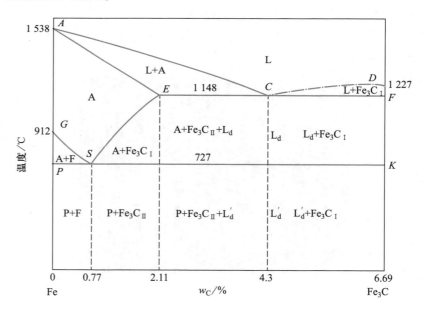

图 2-6
简化 Fe-Fe₃C 相图

1. 相图分析

1）Fe-Fe₃C 相图中特征点的含义

Fe-Fe₃C 相图中的特征点见表 2-2。随着材料纯度的提升和测试技术的进步，Fe-Fe₃C 相图中的特性数据会更趋于精确，但不同文献中的数据会有轻微差异。

表 2-2　Fe–Fe₃C 相图中的特征点

特征点	温度 /℃	碳的质量分数 /%	含义
A	1 538	0	纯铁的熔点
C	1 148	4.3	共晶点
D	1 227	6.69	渗碳体的熔点
E	1 148	2.11	碳在奥氏体中的最大溶解度
F	1 148	6.69	渗碳体的成分
G	912	0	纯铁的异构转变点
K	727	6.69	渗碳体的成分
P	727	0.021 8	碳在铁素体中的最大溶解度
S	727	0.77	共析点
Q	600	0.005 7	碳在铁素体中的溶解度

2）Fe–Fe₃C 相图中特征线的意义

将简化 Fe–Fe₃C 的相图中各特征线的符号、名称和含义列于表 2-3 中。

表 2-3　Fe–Fe₃C 相图的特征线

特征线	含义
$ABCD$	液相线
$AECF$	固相线
GS（又称 A_3）	铁素体完全固溶于奥氏体中（或开始从奥氏体中析出）的温度；奥氏体转变为铁素体的开始线
ES（又称 A_{cm}）	二次渗碳体完全固溶于奥氏体中（或开始从奥氏体中析出）的温度；碳在奥氏体中的溶解度曲线
ECF	共晶转变线
GP	奥氏体转变为铁素体的最终曲线
PQ	碳在铁素体中溶解度线
PSK（又称 A_1）	共析转变线

3）Fe–Fe₃C 相图相区分析

依据特征点和特征线的分析，简化的 Fe–Fe₃C 相图主要有四个单相区，即 L、A、F 和 Fe₃C；相图上其他区域的组织如图 2-6 所示。

2. 典型铁碳合金结晶过程分析

铁碳合金由于成分不同，室温下得到的组织也不同。根据含碳量和室温组织特点，铁碳合金可分为工业纯铁、钢和白口铸铁三类。

（1）工业纯铁：$w_C<0.021\ 8\%$。

（2）钢：$0.021\ 8\%<w_C<2.11\%$。根据室温组织特点，又可分为以下三种：

亚共析钢：$0.021\ 8\%<w_C<0.77\%$，组织为 F+P。

共析钢：w_C=0.77%，组织为 P。

过共析钢：0.77%<w_C<2.11%，组织为 P+Fe$_3$C$_{II}$。

（3）白口铸铁：2.11%<w_C<6.69%。按白口铸铁室温组织特点，也可分为以下三种：

亚共晶白口铸铁：2.11%<w_C<4.3%，组织为 P+Fe$_3$C$_{II}$+L$_d'$。

共晶白口铸铁：w_C=4.3%，组织为 L$_d'$。

过共晶白口铸铁：4.3%<w_C<6.69%，组织为 Fe$_3$C$_I$+L$_d'$。

典型铁碳合金结晶过程的描述是依据成分垂直线和相线的相交情况进行的，本章分析几种典型 Fe-Fe$_3$C 合金结晶过程的组织转变规律。典型铁碳合金在 Fe-Fe$_3$C 相图中的位置如图 2-7 所示。

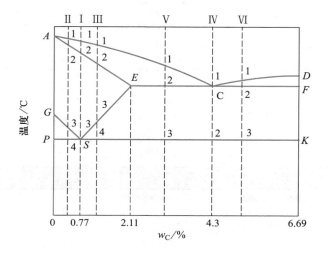

图 2-7
典型铁碳合金在 Fe-Fe$_3$C 相图中的位置

1）共析钢

如图 2-7 所示的合金 I（w_C=0.77%）为共析钢。当合金冷却到 1 点时，开始从液相中析出奥氏体，降至 2 点时全部液体都转变为奥氏体，合金冷却到 3 点 727℃时，奥氏体将发生共析反应，即 A 转变为 P（F+Fe$_3$C）。温度继续下降，珠光体不再发生变化。共析钢的组织转变过程示意图如图 2-8 所示，室温组织是珠光体。典型珠光体组织是由铁素体和渗碳体呈片状叠加而成的。

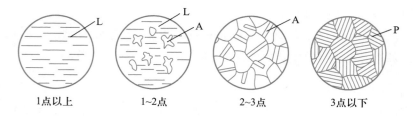

1点以上　　　1~2点　　　2~3点　　　3点以下

图 2-8
共析钢的组织转变过程

2）亚共析钢

如图 2-7 所示，合金 II（w_C=0.4%）为亚共析钢。合金在 3 点以上冷却过程同合金 I 相似，缓慢冷却至 3 点（与 GS 线相交于 3 点）时，从奥氏体中开始析出铁素体。随着温度降低，铁素体量不断增多，奥氏体量不断减少，成分分别沿 GP 和 GS 线变化。温度降至 PSK 线时，剩余奥氏体含碳量达到共析成分（$w_C=0.77\%$），发生共析反应而转变成珠光体。4 点以下冷却过程中，组织不再发生变化。因此亚共析钢冷却到室温的显微组织是铁素体和珠光体，其组织转变过程示意图如图 2-9 所示。

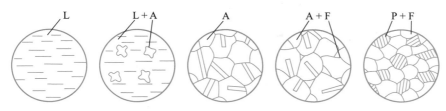

图 2-9
亚共析钢的组织转变过程

亚共析钢结晶过程与合金 II 相似，只是由于含碳量不同，组织中铁素体和珠光体的相对量也不同。随着含碳量的增加，珠光体量增多，铁素体量减少。亚共析钢的显微组织转变过程示意图如图 2-10 所示。

微课
铁碳合金相图分析

微课
铁碳合金分析试验（金相组织观察）

图 2-10
亚共析钢的显微组织转变过程

3）过共析钢

如图 2-7 中所示，合金 III（$w_C=1.20\%$）为过共析钢。合金 III 在 3 点以上冷却过程和合金 I 相似，冷却到 3 点（与 ES 线相交于 3 点）时，奥氏体中碳含量达到饱和，继续冷却，奥氏体成分沿 ES 线变化，从奥氏体中析出二次渗碳体，沿奥氏体晶界呈网状分布。温度降至 PSK 线时，奥氏体 w_C 达到 0.77%，发生共析反应，转变成珠光体。4 点以下至室温，组织不再发生变化。过共析钢的组织转变过程示意图如图 2-11 所示，室温下的显微组织如图 2-12 所示，是珠光体和网状二次渗碳体。

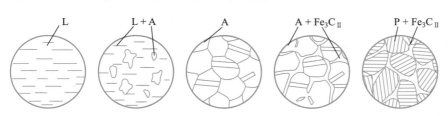

图 2-11
过共析钢的组织转变过程

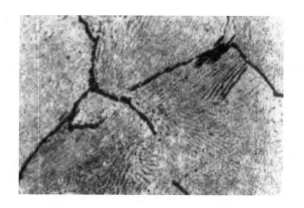

图 2-12
室温下的显微组织

过共析钢的结晶过程与合金Ⅲ相似，只是随着含碳量不同，最后组织中珠光体和渗碳体的相对量也不同。

4）共晶白口铁

如图 2-7 所示，合金Ⅳ（w_C=4.3%）为共晶白口铁，在 1 点以上为单一液相。温度降至与 *ECF* 线相交时，液态合金发生共晶反应，产物为莱氏体。随着温度继续下降，奥氏体成分沿 *ES* 线变化，析出二次渗碳体。温度降至 2 点时，奥氏体发生共析转变，形成珠光体。因此，共晶白口铁室温组织是由珠光体、二次渗碳体和共晶渗碳体组成的混合物，称为低温莱氏体，其组织转变过程示意图如图 2-13 所示。

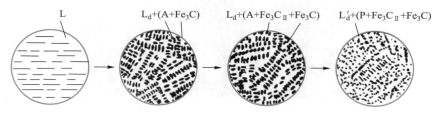

图 2-13
共晶白口铁的组织转变过程

室温下，共晶白口铁的显微组织如图 2-14 所示。图中黑色部分为珠光体，白色基体为渗碳体。

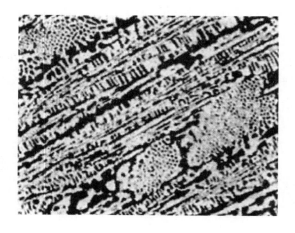

图 2-14
共晶白口的显微组织

亚共晶白口铁（2.11%<w_C<4.3%）结晶过程同合金Ⅳ基本相同。区别是共晶转变之前有先析相奥氏体形成，其室温组织为P+Fe_3C+L'_d，如图2-15所示。图中黑色点状和树枝状为珠光体，黑白相间的基体为低温莱氏体，二次渗碳体与共晶渗碳体在一起，不易区分。

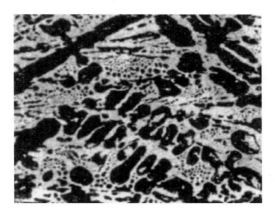

图 2-15
亚共晶白口铁的显微组织

过共晶白口铁（4.3%<w_C<6.69%）结晶过程也与合金Ⅳ相似，只是在共晶转变前先从合金中析出一次渗碳体，室温组织为Fe_3C+L_d，如图2-16所示。图中白色板条状为一次渗碳体，基体为低温莱氏体。

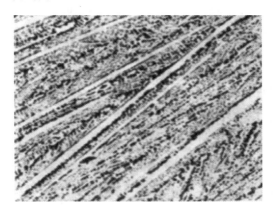

图 2-16
过共晶白口铁的显微组织

2.1.3 含碳量对铁碳合金组织和性能的影响

1. 含碳量对平衡组织的影响

铁碳合金在室温的组织都是由铁素体和渗碳体两相组成的，随着含碳量的增加，铁素体不断减少，渗碳体不断增加。

室温下随着含碳量增加，铁碳合金平衡组织变化规律如下：

$$F \rightarrow F+P \rightarrow P \rightarrow P+Fe_3C_{II} \rightarrow P+Fe_3C_{II}+L'_d \rightarrow L'_d \rightarrow Fe_3C_{I}+L'_d$$

2. 含碳量对力学性能的影响

如图2-17所示为含碳量对碳钢力学性能的影响。随着钢中含碳量的增加，钢的强度和硬度升高，而塑性和韧性下降，原因在于组织中渗碳体数量不断增多，铁素体数量不断减少。但当 w_C=0.9% 时，出现网状二次渗碳体，导致强度明显下降。工业中使用的钢，w_C 一般不超过 1.3%～1.4%；而 w_C 超过 2.11% 的白口铸铁，由于组织中存在大量渗碳体，性能硬而脆，故不易切削加工，多进行铸造加工。

微课
铁碳合金成分
组织性能关系

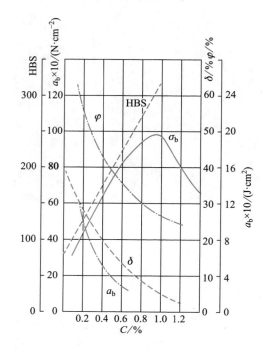

图 2-17
含碳量对碳钢力学性能的影响

2.1.4　铁碳合金相图的应用

相图是分析钢铁材料平衡组织，制定钢铁材料各种热加工工艺的基础性资料，在生产实践中具有重要的应用价值。

1. 选材方面的应用

相图展示了钢铁材料成分、组织的变化规律，据此可研判力学性能变化特点，从而为选材提供可靠的依据。例如，要求塑性、韧性和焊接性能良好的材料，首选低碳钢；而要求硬度高、耐磨性好的制作工具的钢材，应考虑含碳量较高的钢。

2. 铸造方面的应用

根据铁碳合金相图，找出不同成分钢铁的熔点，确定合适的出炉温度以及合理的浇注温度，能够为制定铸造工艺提供基础数据。浇注温度，一般在液相线以上 50℃～100℃。共晶成分以及接近共晶成分的铁碳合金，其结晶范围小，流动性也好，所以铸造性优良。实际铸造生产中，总是选择铸铁的化学成分在共晶成分附近，如图 2-18 所示。

3. 锻造和热轧方面的应用

锻造与轧制时通常选择在单相奥氏体区的适当温度进行，此时的奥氏体强度低且塑性好，便于零件成形。锻造或轧制时始锻温度不宜过高，避免钢材严重氧化和奥氏体晶界发生熔化。始锻温度也不宜过低，以免钢材因温度低而塑性差，产生裂纹。一般始锻温度控制在固相线下 100℃～200℃ 范围内。

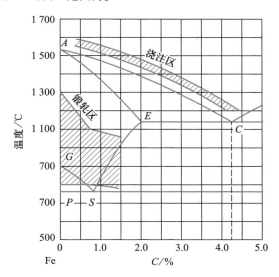

图 2-18
Fe-Fe₃C 相图与铸锻工艺的关系

4. 焊接方面的应用

焊接过程中，高温熔融焊缝与母材各区域的距离不同，各区域受到焊缝热影响的程度也不同，可以根据铁碳合金相图展开分析。分析相图的不同温区，焊后冷却过程中可能会出现组织与性能变化，采取必要措施，以提高焊接质量。一些焊接缺陷往往能通过焊后热处理的方法加以改善。相图为焊接和焊后热处理工艺提供了依据。

5. 热处理方面的应用

热处理是通过对钢铁材料进行加热、保温和冷却过程来改善和提高材料力学性能的一种工艺方法。从铁碳合金相图，可以判定出特定成分的铁碳合金，对应采取适宜的热处理方式以及热处理温度。因此，铁碳合金相图是制定热处理工艺的重要参考依据。

相图虽然获得广泛应用，但仍有一些局限性，主要体现在以下方面：

（1）相图只是反映平衡条件下组织转变规律（缓慢加热或缓慢冷却），没有体现出时间的作用，因此实际生产中，冷却速度较快时不能用相图分析问题。

（2）相图只反映出二元合金中相平衡的关系，若钢中有其他合金元素，其平衡关系会发生变化。

（3）相图不能反映实际组织状态，只给出了相的成分和含量的信息，没有给出形状、大小和分布等特征。

2.2 钢的热处理

2.2.1 钢在加热时的组织转变

多数热处理工艺都要将钢加热到相变温度以上，使组织发生变化，才能获得需要的力学性能。在缓慢加热和冷却过程中，碳素钢的相变温度可以根据 Fe-Fe₃C 相图来确定，但

微课
典型铁碳合金
相图工业应用

是 Fe–Fe$_3$C 相图中的相变温度 A_1、A_3、A_{cm}，是在极其缓慢加热或冷却条件下测定的，与实际热处理的相变温度有一些差异。加热时相变温度因有过热现象而偏高，冷却时因有过冷现象而偏低，随着加热和冷却速度的增大，这一偏离现象更加严重。因此，常将实际加热时偏离的相变温度用 A_{C_1}、A_{C_3}、$A_{C_{cm}}$ 表示，将实际冷却时偏离的相变温度用 A_{r_1}、A_{r_3}、$A_{r_{cm}}$ 表示，如图 2–19 所示。

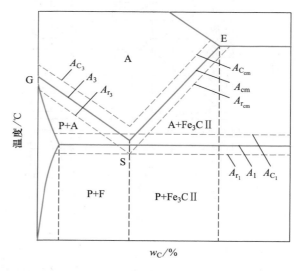

图 2–19
碳钢加热和冷却的相变点在相图上的位置

1. 钢在加热时的组织特征

　　碳钢的室温组织，基本上是由铁素体和渗碳体两个相组成，只有在奥氏体状态下才能通过不同冷却方式使钢转变为不同组织，获得需要的性能。所以热处理时，必须将钢加热到一定温度，使组织全部或部分转变为奥氏体。下面以共析钢为例，分析钢的奥氏体化过程。

　　共析钢的常温组织为珠光体，温度升高到 A_{C_1} 以上时，将发生奥氏体转变，转变包含形核和晶核长大两个基本过程。此时的珠光体结构不稳定，处于有利转变状态。首先形成奥氏体晶核，随即建立奥氏体与铁素体以及奥氏体与渗碳体之间的平衡，依靠铁原子与碳原子的扩散，使邻近的铁素体晶格转变为面心立方晶格的奥氏体。邻近的渗碳体不断溶入奥氏体，一直持续到铁素体全部转变为奥氏体。奥氏体的晶核全部长大，直至各个位向不同的奥氏体晶粒相互接触为止。

　　渗碳体的晶体结构和碳的质量分数都与奥氏体的差别巨大，因此铁素体向奥氏体的转变速度要比渗碳体向奥氏体的溶解快得多。渗碳体完全溶解后，奥氏体中碳浓度分布并不均匀，原先是渗碳体的部位，碳浓度较高；原先是铁素体的部位，碳浓度较低。必须继续保温，通过碳的扩散才能获得均匀的奥氏体。

　　上述奥氏体化过程可以视作由奥氏体形核、晶核长大、残留渗碳体溶解和奥氏体均匀化四个阶段组成，形成过程示意图如图 2–20 所示。

　　亚共析钢和过共析钢的完全奥氏体化过程与共析钢基本相似。亚共析钢加热到 A_{C_1} 以上时，组织中的珠光体先转变为奥氏体，而组织中的铁素体只有在加热到 A_{C_3} 以上时，才能全部转变为奥氏体。同样，过共析钢只有加热到 $A_{C_{cm}}$ 以上时，才能得到均匀的单相奥氏体组织。

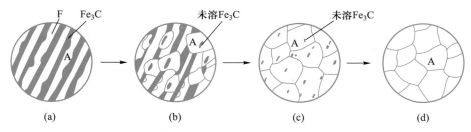

图 2-20
共析钢加热时奥氏体组织形成过程示意图

2. 钢在保温时的组织特征

保温的目的，就是要促使工件表面与中心部位的温度均匀，从而使加热后的组织转变更加均匀。保温时间与介质选择和工件的尺寸与材质有较大的关系。工件体积大，导热性差，就需要更长的保温时间。粗大的奥氏体晶粒会使热处理后钢的晶粒粗大，强度和韧性降低，所以钢加热时应获得较为细密均匀的奥氏体组织。采用合理选择加热温度和保温时间、选用含有一定合金元素的钢材、控制钢的原始组织等措施，可以获得较为细密的奥氏体晶粒。

2.2.2 钢在冷却时的组织转变

钢加热奥氏体化后再进行冷却，奥氏体组织将发生变化。不同冷却条件下，转变产物的组织结构不同，性能也会有明显的差异。所以，冷却过程是热处理的关键工序，决定着钢在热处理后的组织和性能。掌握奥氏体在冷却条件下的组织转变特征，是正确地选择适宜冷却方法，控制钢的组织和性能的关键。工业生产中，钢热处理时常用的冷却方式有两种。

一种是将奥氏体迅速冷至 A_{r_1} 以下某个温度，恒温一段时间，再继续冷却，通常称为"等温冷却"，如图 2-21 中曲线 1 所示；另一种是将奥氏体以一定的速度冷却，如水冷、油冷、空冷、炉冷等，称为"连续冷却"，如图 2-21 中曲线 2 所示。

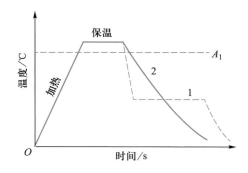

图 2-21
两种冷却方式

1. 过冷奥氏体等温冷却转变

1）过冷奥氏体等温转变曲线

以共析钢为例，将奥氏体化的共析钢以不同的冷却速度急冷至 A_1 线以下不同温度，保温一段时间，使过冷奥氏体在等温条件下发生相变。测出不同温度下过冷奥氏体发生相变的开始时间和终止时间，分别标在温度时间关系图上，然后将转变开始时间和转变终止时间分别连接起来，就得到共析钢过冷奥氏体的等温转变曲线，如图 2-22 所示。过冷奥氏体等温转变曲线类似字母 "C"，简称 C 曲线，又称为 TTT 曲线（时间、温度和转变三个词的英文首字母）。通过 A_1 和 M_S 两条温度线，划分出上中下三个区域：A_1 线以上是稳定奥氏体区；M_S 线以下是马氏体转变区；A_1 和 M_S 线之间的区域是过冷奥氏体等温转变。

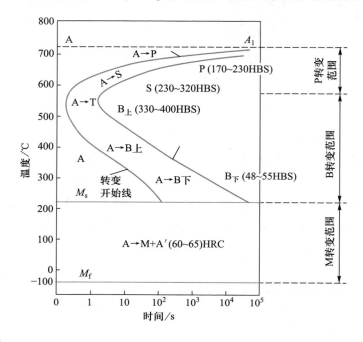

图 2-22
共析钢过冷奥氏体的等温转变曲线

图 2-22 中两条 C 曲线又把等温转变区划分为左、中、右三个区域：左边一条 C 曲线为转变开始线，其左侧是过冷奥氏体区；右边一条 C 曲线为转变终止线，其右侧是转变产物区；两条 C 曲线之间是过冷奥氏体转变区。

2）过冷奥氏体的高温转变

A_1～550℃范围内，原子扩散能力较强，容易在奥氏体晶界上产生高碳的渗碳体晶核和低碳的铁素体晶核，实现晶格重构。该过程属于扩散型转变，也称作高温转变，转变产物为铁素体与渗碳体层片相间的珠光体型组织。

3）过冷奥氏体的中温转变

在 550℃～M_S（230℃）范围内，过冷度较大，铁原子不易扩散，仅有碳原子扩散，过冷奥氏体转变速度下降，孕育期逐渐延长，主要通过相变驱动力来改变晶格结构，通过碳原子扩散形成碳化物，属于半扩散型转变，也称作中温转变，其转变产物为贝氏体型组织（B），主要特征是组织呈羽毛状或针状。

4）过冷奥氏体的低温转变

在 M_S 线以下范围内，铁原子和碳原子都已失去扩散能力，但过冷度很大，相变驱动力足以改变过冷奥氏体的晶格结构，将全部的碳以过饱和形式固溶于 α-Fe 晶格内。这种转变属于非扩散型转变，也称作低温转变，转变产物为马氏体（M）。

马氏体的转变是在 $M_s \sim M_f$ 范围内，不断降温的过程中进行的。如果冷却中断，则转变立即停止，只有持续降温，马氏体转变才能继续进行，直至冷却到 M_f 点温度，转变终止。M_s 为马氏体转变开始温度，M_f 为马氏体转变终止温度。马氏体转变至环境温度下仍会保留一定数量的奥氏体，称为残留奥氏体。共析钢过冷奥氏体等温转变产物的组织及硬度见表 2-4。

表 2-4 共析钢过冷奥氏体等温转变产物的组织及硬度

组织名称	符号	转变温度 /℃	组织形态	层间距 /μm	放大倍数	硬度（HRC）
珠光体	P	$A_1 \sim 650$	粗层状	约 0.3	<500	<25
索氏体	S	$650 \sim 600$	细层状	$0.1 \sim 0.3$	$1\,000 \sim 1\,500$	$25 \sim 35$
托氏体	T	$600 \sim 550$	极细针状	约 0.1	$10\,000 \sim 100\,000$	$35 \sim 40$
上贝氏体	$B_上$	$550 \sim 350$	羽毛状	—	>400	$40 \sim 45$
下贝氏体	$B_下$	$350 \sim M_s$	黑色针状	—	>400	$45 \sim 55$

2. 过冷奥氏体连续冷却转变

工业生产中，奥氏体的转变大多是在连续冷却过程中进行，有必要对过冷奥氏体的连续冷却转变曲线有所了解。连续冷却转变曲线又称为 CCT 曲线，如图 2-23 所示。连续冷却的奥氏体，存在临界冷却速度 v_k。冷却速度低于 v_k 时，奥氏体就会分解形成珠光体；冷却速度高于 v_k 时，奥氏体就无法分解而转变成马氏体。钢在冷却介质中的冷却速度并非恒值，受环境因素和操作方式影响较多，因而 CCT 曲线既难以测定，也难以使用。生产中往往用 C 曲线来近似地代替 CCT 曲线，对过冷奥氏体的连续冷却组织进行定性分析，分析结果可作为制定热处理工艺的参考依据。

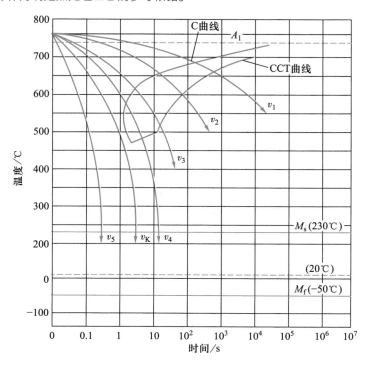

图 2-23
共析钢的连续冷却转变 CCT 曲线

共析钢过冷奥氏体连续冷却转变产物的组织和硬度如表 2-5 所示。

表 2-5　共析钢过冷奥氏体连续冷却转变产物的组织和硬度

冷却速度	冷却方法	转变产物	符号	硬度
v_1	随炉冷却	珠光体	P	170～220HBW
v_2	空气冷却	索氏体	S	25～35HRC
v_3	油中冷却	托氏体＋马氏体	T+M	45～55HRC
v_4	油中冷却	托氏体＋马氏体＋残余奥氏体	$T+M+A_R$	45～55HRC
v_5	水中冷却	马氏体＋残余奥氏体	$M+A_R$	55～65HRC

2.2.3　钢的退火与正火

金属热处理工艺大体上可分为整体热处理、表面热处理和化学热处理三大类。根据加热介质、加热温度和冷却方法的不同，每一大类又可再细分为不同的工艺。同一种金属采用不同的热处理工艺，可以获得不同的组织，从而拥有不同的力学性能。

经过铸造、锻压或焊接的机械零件，材料内会出现内应力、组织粗大、不均匀和偏析等缺陷。适当地退火或正火处理，能改善上述缺陷。因此，退火和正火常被用做预备热处理，为后续的加工或热处理做准备。如果对工件性能没有特殊要求，对于一些焊接箱体和焊接容器等，退火或正火就可作为最终热处理工艺。

1. 退火

退火是将工件加热到适当温度，经过一段时间的保温再缓慢冷却的一种热处理工艺。根据不同工艺要求，应采用不同的退火方法。常用的退火方法有普通退火、球化退火、再结晶退火、去应力退火和均匀化退火等。

（1）普通退火。又称为完全退火。普通退火主要用于亚共析钢，目的是细化晶粒、均匀组织、降低硬度、消除内应力。先将钢加热到 A_{c_3} 以上 30℃～50℃，保温一定时间，得到成分均匀、晶粒细小的奥氏体，然后随炉或在石灰、砂子中缓慢冷却到室温，也可以从退火温度缓冷到 500℃～600℃时，将钢件取出空冷。退火后得到接近平衡的组织，即铁素体＋珠光体。完全退火不能用于过共析钢，缓冷时会沿晶界析出网状渗碳体，严重降低钢的塑性和韧度。

（2）球化退火。又称为不完全退火。球化退火主要用于共析钢与过共析钢。目的是消除内应力、降低硬度、提高韧度，使珠光体中的渗碳体球化，既便于切削加工，又使后续热处理加热时易于奥氏体化。方法是将钢加热到 A_{c_1} 以上 20℃～30℃，保温一段时间后，缓慢冷却到室温。

亚共析钢不适宜采用球化退火，该退火温度略高于 A_{c_1}，钢的珠光体组织通过重结晶得到改善，而铁素体得不到改善。将球化退火用于过共析钢，加热到稍高于 A_{c_1} 的温度时，组织为细晶粒奥氏体和未溶渗碳体。保温过程中，未溶渗碳体聚集成小颗粒状，随后缓冷或等温过程中，小颗粒状渗碳体成为结晶核心，通过碳原子的扩散，得到颗粒状渗碳体和铁素体，称为球化珠光体。它的硬度低，可切削性好，淬火时不易变形和开裂，是制造刃具、模具和量具时重要的预备热处理工序。

（3）再结晶退火。再结晶退火的目的是消除加工硬化和恢复塑性，主要用于冷塑性加工后出现加工硬化的钢件，如冷轧、冷冲和冷拔。具体工艺是将冷塑性加工后的钢件加热到再结晶温度以上（一般为 650℃～700℃），保温后缓慢冷却。

微课
钢的退火热处理工艺

（4）去应力退火。又称低温退火。去应力退火主要用于消除铸件和焊件中的内应力，稳定零件尺寸。工艺过程是将零件毛坯缓慢加热到 500℃～650℃，保温一段时间，然后缓慢冷却至室温或缓冷到 300℃～200℃后取出空冷。由于加热温度不超过 A_{C_1}，钢中组织不发生相变，内应力却在加热和冷却过程中消除。

（5）均匀化退火。又称扩散退火。将钢加热到 1 050℃～1 150℃，保温 10～20h，然后缓慢冷却。均匀化退火的目的是消除钢的偏析从而提高钢的质量，主要用于合金钢铸件。

微课
钢的热处理试验 退火

2. 正火

正火是将钢件加热到 A_{C_3} 或 $A_{C_{cm}}$ 以上 30℃～50℃，保温一段时间后，从炉中取出在空气中冷却，从而得到索氏体组织。正火和完全退火属于同一类型的热处理工艺，都是将钢加热到奥氏体状态。正火是在空气中冷却，而退火是随炉冷却。空气中冷却速度比随炉冷却快，冷却曲线将穿过 C 曲线的索氏体转变区域。亚共析钢正火后得到索氏体和铁素体组织，其中，铁素体数量较低；共析钢可得到索氏体组织，消除网状渗碳体。分析转变组织可知，正火钢的强度和硬度比退火钢高。

正火操作简单，生产周期短，能提高钢的力学性能，在工业生产中得到广泛应用，主要用于以下几方面。

微课
钢的正火热处理工艺

（1）用作对力学性能要求不高零件的最终热处理。

（2）改善低碳钢的可切削性。低碳钢硬度低、韧度高，切削时不易断屑，容易产生"黏刀"。正火后硬度增加，韧度下降，切削时易于断屑，工件表面粗糙度值降低。

（3）作为中碳钢的预备热处理。中碳钢正火后，组织均匀，晶粒变细，可以改善切削性能，减小淬火时的变形和开裂倾向。普通退火也能达到目的，但效率较低。

退火和正火工艺的加热温度范围与工艺曲线如图 2-24 所示，图 2-24（a）为加热温度范围，图 2-24（b）为工艺曲线。

微课
钢的热处理试验 正火

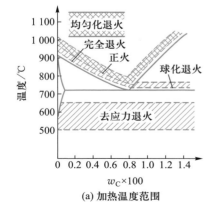

(a) 加热温度范围

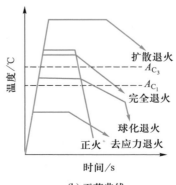

(b) 工艺曲线

图 2-24
退火和正火工艺的加热温度范围与工艺曲线

2.2.4　钢的淬火与回火

1. 淬火

1）淬火工艺

淬火工艺是指将钢材加热到相变温度以上，保温后迅速冷却。冷却速度不低于钢的临界冷却速度，使奥氏体在冷却过程中不发生分解，而在 M_S 以下转变为马氏体。主要目的是获得均匀细密的马氏体组织，经过随后的回火处理，提高钢的力学性能。淬火是最常用的一种热处理，是决定产品质量的关键。操作时必须确定加热温度、保温时间，选择加热和冷却介质。

（1）淬火加热。为了在淬火后能获得细小而均匀的马氏体，必须在加热时得到均匀的奥氏体。加热温度过高，易形成粗大的奥氏体晶粒，淬火后就会形成脆性很大的粗针状马氏体组织。淬火时工件内外温差较大，会产生很大的内应力，引起工件变形或开裂。如果加热温度不够，工件就不能淬硬。碳钢的淬火加热温度主要是由钢的临界点确定，如图 2-25 所示。

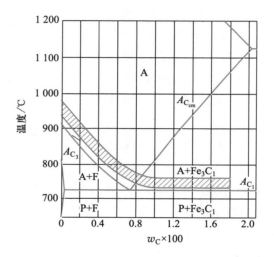

图 2-25
碳钢淬火的加热温度范围

亚共析钢的加热温度一般为 $A_{C_3}+$（30℃～50℃），淬火后获得均匀的马氏体。如果加热温度低于 A_{C_3}，淬火后获得的组织将出现铁素体，导致硬度不足。过共析钢加热温度一般为 $A_{C_1}+$（30℃～50℃），淬火后得到马氏体和颗粒状二次渗碳体，渗碳体会增加钢的耐磨性。若加热到 $A_{C_{cm}}$ 以上温度，不仅会得到粗大马氏体，脆性极大，而且二次渗碳体将全部溶解，使奥氏体含碳量过高而增加了残余奥氏体数量，降低钢的硬度。

（2）加热介质和保温时间。淬火加热通常在电炉、燃料炉、盐浴炉和铅浴炉中进行。工件在浴炉中加热，工件接触的介质是溶盐或溶铅，表面氧化与脱碳较轻，淬火后表面质量高。工件在电炉或燃料炉中加热，工件接触的介质是空气或燃气，表面氧化与脱碳较严重，但操作方便，电炉的温度易于控制，适于大件热处理。

保温时间是影响淬火质量的重要因素。保温时间太短，则奥氏体成分不均匀，甚至工件心部未热透，淬火后出现软点；保温时间太长，则将加重氧化、脱碳和晶粒粗化。

保温时间长短与加热介质、钢的成分、工件尺寸形状、装炉量等有关。装炉后达到淬火温度所需时间是每毫米厚度的加热时间乘上工件的有效厚度。有效厚度的加热时间如下。

在箱式炉中，碳钢：1.0～1.3min/mm；合金钢：1.5～2.0min/mm。

在盐浴炉中，碳钢：0.4～0.5min/mm；合金钢：0.5～1.0min/mm。

（3）常用的淬火冷却介质。常用的淬火介质是水和油，水在高温区冷却能力强，在300℃～200℃区间冷却能力仍很强，容易产生较大内应力，引起工件变形和开裂。目前，广泛采用盐水作为淬火介质，即在水中加入 10% 的 NaCl。油的冷却能力比水弱，主要用于复杂形状的中小型合金钢零件淬火。

2）淬火方法

（1）单液淬火法。将加热到奥氏体化的钢，直接浸入水或油中，一直冷却到室温后取出，称为单液淬火法，如图 2-26（a）所示。这种淬火方法操作简单，易于掌握，但形状复杂的零件容易出现变形和开裂，只适用于形状简单的零件。

（2）双液淬火法。为防止形状复杂零件低温范围马氏体转变时出现裂纹，可将钢件在水中冷却到400℃～300℃，然后浸入油中继续冷却，如图 2-26（b）。该方法利用了水在C 曲线"鼻尖"附近冷却能力强以及油在 300℃以下冷却能力弱的特点，既可保证奥氏体不会分解为珠光体，又可使马氏体转变期间的应力减小，降低零件开裂倾向，但该方法对操作技能要求较高。

（3）分级淬火法。将加热到奥氏体化的钢，浸入温度稍高于马氏体转变温度的盐浴液或碱浴液中，保持一段时间，待工件的内外温度达到均匀化，取出放置于空气中冷却，使组织发生马氏体转变，如图 2-26（c）所示。这种方法可大大减小组织应力，降低变形开裂趋势。由于热浴液的冷却能力比水和油都低，因此只适用于小截面复杂形状零件。

（4）等温淬火法。等温淬火法与分级淬火法类似，只是在 M_S 点以上等温时间更久一些，使过冷奥氏体等温转变为下贝氏体组织，然后取出空气冷却，如图 2-26（d）所示。这种方法获得的下贝氏体组织除具有较高的硬度外，还具有更强的韧性，通常无需再回火。缺点是等温时间长，生产率较低，适用于小截面复杂形状零件。

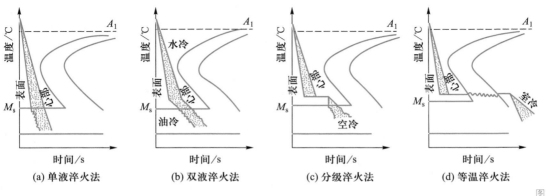

(a) 单液淬火法　　(b) 双液淬火法　　(c) 分级淬火法　　(d) 等温淬火法

图 2-26
淬火方法示意图

（5）冷处理。把淬火后冷却到室温的钢继续冷却到零下温度，如 -80℃～-70℃，称为冷处理工艺。冷处理可使过冷奥氏体向马氏体转变更加充分，减少残余奥氏体数量，提高钢的硬度和耐磨性，稳定尺寸。冷处理的实质是淬火钢在零下温度的淬火，适用于 M_f 温度位于 0℃以下的高碳钢和合金钢。

3）钢的淬透性

钢的淬透性就是指钢在淬火后获得淬硬层深度的能力。淬硬层深度一般指由钢的表面到有 50% 马氏体组织处的深度。

淬火过程中，同一工件表面和心部的冷却速度是不相同的。表面冷却速度最快，靠近中心冷却速度最慢。表面的冷却速度快于 v_k，则获得马氏体组织，但心部仍然是非马氏体组织，工件未淬透。如工件截面较小，从表面到中心均能获得马氏体组织，则工件完全淬透。

钢的淬透性，主要取决于化学成分。除钴以外，所有溶于奥氏体的合金元素都能提高钢的淬透性，如锰、铬、镍、钛、硅等。绝大多数合金元素都能使 C 曲线向右移动，使临界冷却速度 v_k 降低。截面尺寸和冷却速度相同时，合金钢零件的淬硬层越深，则淬透性越好。

微课
钢的淬火热处理 1

相同化学成分和截面尺寸的钢材，置于不同介质中冷却，不同介质冷却能力不同，导致零件冷却速度不同，获得的淬硬层深度也就不同。

钢的化学成分和冷却介质相同，零件截面尺寸越大，材料内部的热容量越大，淬火时实际冷却速度就越低，淬硬层深度也就越浅。

在机械制造过程中，对钢材的淬透性有要求。两种淬透性不同的钢材制成直径相同的轴类零件，经淬火和高温回火处理，淬透性高的零件，力学性能沿截面是均匀分布的。淬透性低的零件，心部的力学性能则较差。

微课
钢的淬火热处理 2

尺寸较大并在冲击载荷下工作的零部件，如锻模、连杆、拉力螺栓等，整个截面上都要求良好的力学性能，应选用淬透性高的钢材。工作时承受冲击载荷的零件，表面必须耐磨，如冷冲模具，宜选用淬透性较差的钢材。否则，整个截面易淬透而发脆，影响使用。

微课
钢的热处理试验　淬火

在铸、锻、焊等热加工过程中，钢材的淬透性也是必须考虑的。如高淬透性的钢铸件，在浇注时铸模需要预热，否则容易产生裂纹，而且由于硬度过高，不易进行切削加工。对高淬透性的锻、焊件，要控制其冷却速度。埋入砂中缓慢冷却，既能降低裂纹产生的倾向，也能避免硬度过高而切削加工困难。

特别指出，不要把钢的淬透性和淬硬性混淆起来。淬硬性是指正常淬火后获得马氏体的硬度高低，它与钢中的含碳量有关。钢中含碳量越高，淬硬性就越好。

2. 回火

将淬火后获得马氏体组织的钢重新加热到 A_{c_1} 以下的某一温度，保温后缓慢冷却至室温的热处理过程称为回火。

淬火钢未经回火，一般不能直接使用。淬火钢的组织是由淬火马氏体和残余奥氏体组成的不稳定组织。马氏体脆且硬，导致淬火工件产生较大内应力，如果不及时回火，就易使工件出现变形或开裂。通过淬火与回火的配合，可以调整改善钢的性能，满足工件的力学性能要求。

1）淬火钢的回火转变

以共析钢为例，淬火后钢的组织由马氏体和残余奥氏体组成，随回火温度的升高，淬火钢的组织发生以下几个阶段的变化。

（1）马氏体的分解。淬火马氏体是含碳量过饱和的 α 固溶体，一种极不稳定的结晶组织，晶格处于强烈扭曲状态。室温下保持较长时间或加热到 100℃～200℃ 范围，淬火马氏体就分解出极细碳化物，降低淬火马氏体的含碳量，但仍为过饱和 α 固溶体。这个阶段形成的结晶组织是由粒状极细的碳化物与针叶状过饱和 α 固溶体组成，这种组织称为回火马氏体。

（2）残余奥氏体的分解。加热温度继续升高到 200℃～300℃，残余奥氏体转变的产物与过冷奥氏体转变的产物相同，均为下贝氏体。α 固溶体中碳的质量分数仍有 0.15%～0.2%。

（3）回火托氏体的形成。加热温度继续升高，碳从过饱和 α 固溶体内继续析出，极细碳化物逐渐转变为 Fe_3C，直到 400℃ 时才结束。钢的组织即由铁素体和细粒状渗碳体组成，称为回火托氏体。

（4）渗碳体的聚集长大和 α 相再结晶。温度超过 400℃，铁素体晶体结构发生回复与再结晶。回火温度越高，粒状渗碳体越粗，钢的强度与硬度越低，韧度越高。

2）回火转变产物的组织与性能

淬火钢回火后的组织有如下几种。

（1）回火马氏体。在 250℃ 以下低温回火，获得保持原有马氏体形态的过饱和 α 固溶体和极细碳化物构成的组织，称为回火马氏体。组织有较高的硬度和耐磨性，而塑性较差、韧度较低。

（2）回火托氏体。在 350℃～500℃ 范围内回火，碳原子几乎完全从马氏体晶格中析出，组织成为铁素体和细颗粒状渗碳体的机械混合物，称为回火托氏体。有较高的屈服极限和弹性。

（3）回火索氏体。在 500℃～650℃ 范围内回火，由于温度高，原子扩散能力增大，渗碳体颗粒也增大，成为铁素体和较粗大粒状渗碳体的机械混合物，称为回火索氏体。有较高的综合力学性能。

3）回火的分类和应用

根据回火温度的不同，钢的回火可分为以下三类。

（1）低温回火（150℃～250℃）。低温回火后，钢的硬度可达 56～65HRC，常用于高硬度及耐磨的高碳钢工具、模具、滚动轴承及其他渗碳淬火和表面淬火零件。

（2）中温回火（350℃～500℃）。中温回火后，钢的硬度为 40～50HRC，常用于较高强度的零件，如轴套、刀杆以及各种弹簧等。

（3）高温回火（500℃～650℃）。高温回火后，钢的硬度为 25～40HRC，强度适中、塑性和韧度较高。所以，淬火后的高温回火亦称调质处理，常用于受力复杂的重要零件，如连杆、轴类、齿轮、螺栓等。

对某些精密工件，除可以采用以上三种常用回火方法外，也可以低温（100℃～150℃）长时间（10～50h）保温回火，称为时效处理。

微课
钢的回火热处理

微课
钢的热处理试验 回火

2.3　钢的表面强化处理

　　工作于交变或冲击载荷环境中的零部件，表面比心部承受更大的应力，另外由于表面受到磨损或腐蚀等损害，零部件的表面失效更明显。因此，许多机械零件都需要进行表面强化处理，使零件表面具有较高的强度、硬度、耐磨性、疲劳极限、耐腐蚀性，而心部仍保持足够的塑性、韧性，防止脆断，即具有"外硬内韧"的组织。钢的表面强化处理一般分为钢的表面热处理和化学热处理。

2.3.1　钢的表面热处理

　　钢的表面热处理即表面淬火，它是将钢件的表面层淬透到一定的深度，而心部仍保持未淬火状态的一种局部淬火方法。表面淬火时通过快速加热，使钢件表面层很快达到淬火温度，在热量来不及传递到工件心部时就立即冷却，实现局部淬火。

　　表面淬火目的在于获得高硬度、高耐磨性的表层，而心部仍保持原有的良好韧性，常用于机床主轴、动力齿轮，发动机曲轴等。表面淬火是钢表面强化的重要手段，工艺简单，热变形小，生产效率高。快速加热方法有多种，如电感应、火焰、电接触、激光等，其中电感应加热法应用最广。

1. 电感应加热表面淬火

　　电感应加热是利用电磁感应原理，短时间内在工件表面产生大密度感应电流，迅速加热工件表层，如图 2-27 所示。

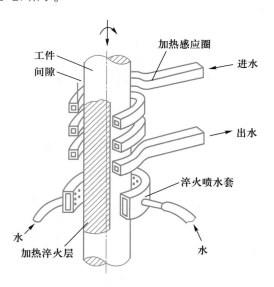

图 2-27
电感应加热表面淬火示意图

　　将工件放入感应圈内，通入交变电流会在感应圈内产生交变磁，工件就产生同频率的感应电流。感应电流沿工件表面形成封闭回路，称为涡流。涡流在工件中的分布是沿表面到心部呈指数规律衰减峰，以表面为主，心部的电流密度几乎为零，这种现象称为集肤效应。感应加热就是利用感应电流的集肤效应和热效应，迅速加热工件表面层到淬火温度。

　　感应电流透入工件表层的深度主要取决于电流频率，电流频率越高，电流透入深度越浅，则工件表层被加热的厚度就越薄，淬透层深度也越浅。依据工作电流频率的不同，感应加热表面淬火可分为三类：

（1）高频感应加热表面淬火：电流频率为 100～500kHz，最常用频率为 200～300kHz，可获淬硬层深度为 0.5～2.0mm，主要适用于中小模数齿轮及中小尺寸轴类零件的表面淬火。

（2）中频感应加热表面淬火：电流频率为 500～10 000Hz，最常用频率为 2 500～8 000Hz。可获淬硬层深度为 2～10mm，主要用于要求淬硬层较深的较大轴类零件及大中模数齿轮的表面淬火。

（3）工频感应加热表面淬火：电流频率为 50Hz，不需要变频设备。可获得淬硬层深度为 10～15mm。适用于轧辊、火车车轮等大直径零件表面淬火。电感应加热表面淬火的分类与应用见表 2-6。

表 2-6　电感应加热表面淬火的分类与应用

类别	常用频率 /Hz	淬硬层深度 /mm	应用
高频感应加热	200 000～300 000	0.5～2	用于要求淬硬层较薄的中小型零件，如小模数齿轮、小轴等
中频感应加热	2 500～8 000	2～10	用于承受较大载荷和磨损的零件，如大模数齿轮、尺寸较大的凸轮等
工频感应加热	50	10～15	用于要求淬硬层深的大型零件和钢材的穿透加热，如轧辊、火车车轮等
超音频感应加热	20～40	2.5～3.5	用于模数为 3～6 的齿轮、花键轴、链轮等要求淬硬层沿轮廓分布的零件

感应加热速度极快，一般不进行保温，为提高奥氏体化质量，可采用较高的温度，比普通淬火温度高 100℃～200℃。冷却过程通常采用喷射方式强制降温。经表面淬火的工件，一般要在 180℃～200℃做回火处理，降低残余应力与脆性。感应加热表面淬火适用于中碳和中碳低合金结构钢，如 40、45、40Cr、40MnB 等。

2. 火焰加热表面淬火

利用乙炔氧火焰（最高温度 3 200℃）或煤气氧火焰（最高温度 2 000℃）对工件表面进行快速加热，并随即喷水冷却的表面淬火方法。淬硬层深度一般为 2～6mm，适用于单件小批量及大型轴类、动力齿轮等零部件的表面淬火。设备简单、成本低、灵活性大，但温度不易控制，工件表面易过热，淬火质量不稳定。

2.3.2 钢的化学热处理

化学热处理是将工件置于特定介质中加热和保温，使介质中的活性原子渗入工件表层，改变表层的化学成分与组织，从而达到改进表层性能的一种热处理工艺。化学热处理不仅能显著提高工件表层的硬度、耐磨性、疲劳强度和耐腐蚀性能，而且能确保工件心部保持良好韧性。因此，化学热处理在工业生产中获得越来越广泛的应用。

化学热处理过程是一个比较复杂的过程。一般将它看成由渗剂的分解、工件表面对活性原子的吸收和渗入工件表面的原子向内部扩散三个基本过程组成。

化学热处理种类很多，根据渗入元素的不同，可分为渗碳、渗氮（氮化），碳氮共渗（氰化）、渗硼、渗硫、渗金属、多元共渗等。制造行业中常用的化学热处理工艺有钢的渗碳、氮化和碳氮共渗。

1. 钢的渗碳

低碳钢置于渗碳介质中，加热至 900℃～950℃保温，使活性炭原子渗入钢件表面以获得高碳渗层的化学热处理工艺称为渗碳。渗碳主要目的是提高工件表面的硬度、耐磨性和疲劳强度，保持心部良好的强度、塑性与韧性。零件经渗碳和热处理后，兼有高碳钢和低碳钢的性能，从而使工件既能承受磨损，又能承受弯曲应力及冲击载荷作用。根据渗碳剂的不同，渗碳方法可分为三种，即气体渗碳、固体渗碳和液体渗碳。前两种比较常用，尤其是气体渗碳应用最为广泛。

（1）气体渗碳法。气体渗碳主要采用甲烷、煤气、甲苯、煤油等渗碳剂，在高温下分解出活性炭原子实现渗碳过程。如图 2-28 所示，工件置于密封炉中，加入渗碳剂，加热至渗碳温度（900℃～930℃），以每小时 0.2～0.25mm 速度完成渗碳。

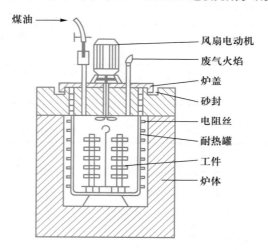

图 2-28
气体渗碳法示意图

（2）固体渗碳法。固体渗碳剂主要是木炭，其次是少量碳酸盐（如 $BaCO_3$、Na_2CO_3 等）。将混合均匀的渗碳剂与工件，按如图 2-29 所示要求装入渗碳箱，密封后放入炉中加热到 900℃～950℃，使其呈单相奥氏体状态，有较强的溶碳能力。渗碳温度下，木炭与渗碳箱中的少量氧气生成 CO，分解产生活性炭原子，被钢的表面吸收。随着保温时间的延长，碳原子向深处扩散。生产中一般按每小时 0.1～0.15mm 速度控制渗碳过程。

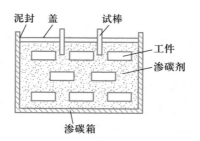

图 2-29
固体渗碳法示意图

2. 钢的渗氮

渗氮是在一定温度（一般在 A_{C_1} 以下），使活性氮原子渗入工件表面的化学热处理工艺，也称氮化。氮化目的是提高工件表层的硬度、耐磨性、疲劳强度及耐蚀性。氮化广泛应用于耐磨性和精度要求很高的零件，如镗床主轴、精密传动齿轮；循环载荷下高负荷强度零件，如高速柴油机曲轴；抗热耐蚀耐磨类零部件，如阀门、发动机汽缸以及热作模具等。目前，应用较广的渗氮工艺是气体氮化法。

气体氮化是向密闭渗氮炉中通入氨气，利用氨气的热分解提供活性氮原子。氮化温度一般为 550℃～570℃。渗氮件与渗碳件和表面淬火件相比，变形很小。

结构钢氮化前，宜先调质处理，获得回火索氏体组织，提高心部性能，减少氮化变形。氮化层较薄，一般不超过 0.6～0.7mm，往往作为工艺路线中最后一道工序，氮化后至多再进行精磨。工件非氮化区域可用镀锡等方式保护。

气体氮化的主要缺点是生产周期长，例如获得 0.3～0.5mm 的渗层大概需要 20～50h。氮化层质脆，不能承受冲击，在使用上受到限制。目前，国内外针对上述缺点开发出新的氮化工艺，如离子氮化等。

3. 气体碳氮共渗

一定温度下，将碳与氮同时渗入工件表层的奥氏体中，并以渗碳为主的化学热处理工艺称碳氮共渗。共渗温度（850℃～880℃）较高，以渗碳为主的碳氮共渗过程，要进行淬火和低温回火处理。共渗深度一般为 0.3～0.8mm，共渗层表面组织由细片状回火马氏体、适量粒状碳氮化合物以及少量残余奥氏体组成。表面硬度可达 58～64HRC。

气体碳氮共渗用到的钢材大多为低碳钢、中碳钢或合金钢，如 20CrMnTi，40Cr 等。气体碳氮共渗与渗碳相比，处理温度低且便于直接淬火，具有变形小、渗速高和耐磨损等优点。主要用于动力齿轮、蜗轮蜗杆和轴类等零件的热处理。

4. 气体氮碳共渗

工件表面渗入氮和碳，并以渗氮为主的化学热处理，称为氮碳共渗。常用的共渗温度为 560℃～570℃，共渗温度较低，共渗时间 1～3h，渗层可达 0.01～0.02mm，又称低温氮碳共渗。与气体氮化相比，渗层硬度不高，脆性较低，故又称软氮化。

氮碳共渗具有处理温度低、时间短和变形小的特点，不受钢种限制；碳钢、合金钢及粉末冶金材料均可进行氮碳共渗处理，达到耐磨损、抗咬合、抗疲劳和耐腐蚀目的。共渗层很薄、不宜在重载下工作，目前广泛应用于模具、量具、刃具以及耐磨、承受弯曲疲劳的结构件。

2.4 热处理工艺位置的安排

零件加工过程中所有工序统称为工艺路线。一般按以下原则确定热处理工序在工艺路线中的位置。

1. 预先热处理的工序位置

无技术要求的非关键铸、锻、焊工艺，可以不预先热处理，而较重要的中碳钢结构锻件和合金钢锻件则需要预先热处理。

1）退火和正火的工序位置

退火和正火通常作为预先热处理，安排在毛坯加工之后，切削加工之前。为消除精密零件切削加工的残余应力，切削工序之间要安排去应力退火；若金相组织中有比较完整的网状二次渗碳体，则过共析钢在球化退火之前，必须正火处理，消除网状渗碳体。加工余量较大的铸锻件，要在粗加工后预先热处理。

2）调质的工序位置

调质的目的是提高零件的综合力学性能，为后续表面淬火和精密零件整体淬火作组织准备，可以作为预先热处理。调质工序一般安排在粗加工与半精加工之间，避免表面调质层在粗加工中被大量切除。

调质零件的加工工序路线一般为：下料→锻造→退火（或正火）→机械粗加工→调质→机械半精加工→…

2. 最终热处理的工序位置

1）淬火、回火的工序位置

淬火、回火经常用作最终热处理。根据回火后硬度是否便于切削加工来考虑淬火、回火的工序位置。若回火后硬度较高（>35HRC），则淬火、回火放在切削加工之后、磨削加工之前。整体淬火的加工路线一般为：下料→锻造→退火（或正火）→机械粗加工→机械半精加工→淬火、回火（低中温，>35HRC）→磨削。表面淬火的工序位置安排与此基本相同。

2）化学热处理的工序位置

各种化学热处理（如渗碳、氮化等）属于最终热处理。零件经此类热处理，表面硬度高，除磨削或研磨等光整加工外，不适宜再切削加工，故其工序位置应尽量靠后，一般安排在半精加工和磨削加工之间。

复习思考题

1. 金属的同素异晶转变是什么？以纯铁为例说明金属的同素异晶转变。

2. 共晶转变和共析转变是什么？以铁碳合金为例写出转变表达式。

3. 钢在加热时的组织转变过程和特点是什么？

4. 钢在冷却时的组织转变过程和特点是什么？

5. 什么是正火？退火和正火如何选择？

6. 淬火工艺有哪几种？它们的特点、目的、组织和性能是什么？

第3章 工程用金属材料

知识目标

（1）掌握：工业用钢、铸铁和非铁金属的分类、牌号及应用。

（2）理解：常见杂质元素对金属材料性能的影响。

（3）了解：合金元素在金属材料中的作用。

能力目标

（1）识别与分析常用工业用钢、铸铁、非铁金属材料的牌号、用途。

（2）根据零件的使用要求选择金属材料。

学习导航

工程材料是指用来制造工程结构和机械零件的材料，分为金属材料、非金属材料和复合材料三大类。金属材料包括钢铁材料、非铁金属及其合金。金属材料拥有良好的力学性能、物理性能、化学性能及工艺性能，适宜制成机械零件，是机械加工首先材料。

工程用金属材料以合金为主，很少使用纯金属。合金比纯金属具有更优良的综合性能，价格低廉。最常用的合金是以铁为基体的铁碳合金，如碳素钢、合金钢、灰铸铁、球墨铸铁等，还有以铜为基体的黄铜、青铜，以及以铝为基体的铝硅合金等非铁金属。

3.1 工业用钢

3.1.1 钢的分类

工业用钢的品种很多，为便于生产、保管和选材，可将钢进行分类。常用分类方法有四种，即按钢的化学成分、钢中碳的质量分数、冶金质量和用途分类。

按化学成分分类,根据国家标准《钢分类第 1 部分按化学成分分类》(GB/T 13304.1—2008)，钢可分为：①非合金钢，即碳素钢；②低合金钢；③合金钢。

按碳的质量分数分类，钢可分为：①低碳钢，$w_c<0.25\%$；②中碳钢，$w_c=0.25\%\sim0.60\%$；③高碳钢，$w_c>0.60\%$。

按主要质量等级分类，根据《钢分类第 2 部分按主要质量等级和主要性能或使用特性的分类》(GB/T 13304.2—2008)，钢可分为：①普通质量钢；②优质钢；③特殊质

微课

钢铁材料基础
与应用 1

钢铁材料基础
与应用 2

量钢。

按用途分类，钢可分为：①结构钢，主要用来制造各种工程构件（如桥梁、船舶、建筑等构件）和机械零件，一般属于低碳钢和中碳钢；②工具钢，主要用来制造各种刃具、量具、模具，这类钢含碳量较高，一般属于高碳钢；③特殊性能钢，指具有特殊物理、化学性能的钢，主要有不锈钢、耐热钢、耐磨钢，一般属于高合金钢。

3.1.2　非合金钢

非合金钢即碳素钢，简称碳钢，通常分为以下四类。

1. 碳素结构钢

碳素结构钢冶炼简单，工艺性优，价格低廉，能满足一般工程结构件及普通零件要求，用量约占钢材总量的 70%。碳素结构钢主要满足力学性能，按《碳素结构钢》（GB/T 700—2006）规定，碳素结构钢牌号以材料最低屈服强度表示：字母 "Q" ＋ 数字，其中 "Q" 代表屈服强度，数字表示屈服强度值。牌号后面标明质量等级符号 A、B、C、D 和脱氧方法等符号（用脱氧方法等名称的汉语拼音首位字母表示，如沸腾钢 F、镇静钢 Z、特殊镇静钢 TZ，其中 "Z" 与 "TZ" 符号可以省略）。例如，Q215-A · F 代表碳素结构钢，屈服强度为 215MPa，A 级沸腾钢。

普通碳素结构钢的牌号、相应参数及应用举例见表 3-1 和表 3-2。

表 3-1　普通碳素结构钢的化学成分（摘自 GB/T 700—2006）

牌号	等级	化学成分（质量分数）/%，不大于					脱氧方法
		C	Si	Mn	P	S	
Q195	—	0.12	0.30	0.50	0.035	0.040	F、Z
Q215	A	0.15	0.35	1.20	0.045	0.050	F、Z
	B					0.045	
Q235	A	0.22	0.35	1.40	0.045	0.050	F、Z
	B	0.20				0.045	
	C	0.17			0.040	0.040	Z
	D				0.035	0.035	TZ
Q275	A	0.24	0.35	1.50	0.045	0.050	F、Z
	B	0.21				0.045	Z
	C	0.22			0.040	0.040	Z
	D	0.20			0.035	0.035	TZ

2. 优质碳素结构钢

优质碳素结构钢必须同时满足钢的化学成分和力学性能，大多为镇静钢。有害杂质及非金属夹杂物含量较低，其中 P、S 的质量分数均控制在 0.035% 以下，均匀性及表面质量都比较好，力学性能较优，广泛用于较高要求的各种机械零件与结构件。此类零件通常都要经过热处理后再使用。

表 3-2 普通碳素结构钢的力学性能和应用举例（力学性能摘自 GB/T 700—2006）

牌号	等级	σ_s/MPa，不低于				σ_b/MPa	A/%，不低于			应用举例
		厚度（或直径）/mm					厚度（或直径）/mm			
		≤16	16~40	40~60	60~100		≤40	40~60	60~100	
Q195	—	195	185	—	—	315~430	33	—	—	制造受力较小的零件，如螺钉、螺母、垫圈、焊接件、冲压件、桥梁建筑等金属结构件
Q215	A	215	205	195	185	335~450	31	30	29	
	B									
Q235	A	235	225	215	205	370~500	26	25	24	
	B									
	C									
	D									
Q275	A	275	265	255	245	410~540	22	21	20	用来制造中等载荷的零件，如小轴、定位销、农机零件等
	B									
	C									
	D									

　　优质碳素结构钢的牌号是用两位数字表示钢中碳的质量万分数。例如，40 钢表示碳的平均质量分数为 0.40% 的优质碳素结构钢。不足两位数时，前面补 0。从 10 钢开始，以数字 "5" 为变化幅度上升一个钢号。若数字后带 "F"（如 08F），则表示为沸腾钢。优质碳素结构钢的牌号、化学成分及力学性能见表 3-3。

表 3-3 优质碳素结构钢的牌号、化学成分及力学性能（摘自 GB/T 699—1999）

牌号	化学成分（质量分数）/%					力学性能，不小于				
	C	Si	Mn	P 不大于	S 不大于	σ_b/MPa	σ_s/MPa	A (%)	Z (%)	α_k/J·cm^{-2}
08F	0.05~0.11	<0.03	0.25~0.50			295	175	35	60	
10	0.07~0.14					335	205	31	55	—
15	0.12~0.19		0.35~0.65			375	225	27	55	
20	0.17~0.24					410	245	25	55	—
25	0.22~0.30					450	275	23	50	88.3
30	0.27~0.35					490	295	21	50	78.5
35	0.32~0.40					530	315	20	45	68.5
40	0.37~0.45					570	335	19	45	58.8
45	0.42~0.50	0.17~0.37		0.035	0.035	600	355	16	40	49
50	0.47~0.55					630	375	14	40	39.2
55	0.52~0.60		0.50~0.80			645	380	13	35	—
60	0.57~0.65					675	400	12	35	—
65	0.62~0.70					695	410	10	30	—
70	0.67~0.75					715	420	9	30	—
75	0.72~0.80					1080	880	7	30	—
80	0.77~0.85					1080	930	6	30	—
85	0.82~0.90					1130	980	6	30	—

优质碳素结构钢包括低碳钢、中碳钢和高碳钢，用来制作各种机械零件。含碳量不同，力学性能也不同。常用优质碳素结构钢的性质、热处理及应用范围如下：

08 钢、10 钢的含碳量很低，强度低而塑性好，具有较好的焊接性能和压延性能，通常轧制成薄板或钢带，主要用来制造冷冲压零件，如各种仪表面板、容器及垫圈等零件。

15 钢、20 钢、25 钢也具有较好的焊接性能和压延性能，常用来制造受力不大、韧性较好的结构件和零件，如焊接容器、螺母螺杆以及低强度渗碳零件，如凸轮、齿轮等。渗碳零件的热处理一般是在渗碳后再进行一次淬火（840℃～920℃）及低温回火。

30 钢、35 钢、40 钢、45 钢、50 钢和 55 钢属于调质钢，用来制作性能要求较高的零件，如齿轮连杆和轴类等。调质钢一般要进行调质处理，得到强度与韧性良好配合的综合性能。对综合力学性能要求不高或截面尺寸很大、淬火效果差的工件，可用正火代替调质。

60 钢、65 钢、70 钢、75 钢、80 钢、85 钢属于弹簧钢，淬火（接近 850℃）及中温回火（350℃～500℃）处理，用于制造高弹性抗冲击类零件，如调压弹簧、调速弹簧、弹簧垫圈等；经淬火（接近 850℃）及低温回火（200℃～250℃）处理后，也可用来制造耐磨零件。冷成形弹簧一般只进行低温去应力处理。

3. 碳素工具钢

碳素工具钢的碳质量分数为 0.65%～1.35%。根据其 S、P 含量不同，碳素工具钢又可分为优质碳素工具钢和高级优质碳素工具钢两类。工具行业适合制作各种刃具、模具及量具。多数工具要求高硬度与耐磨性，所以工具钢的含碳量较高。工具钢通常采用淬火＋低温回火热处理工艺，确保高的硬度与耐磨性。

碳素工具钢钢号以"碳"字汉语拼音首字母"T"加上数字表示，数字表示钢中碳的平均质量千分数，如高级优质碳素工具钢，在数字后再加字母"A"；如 T8、T12 分别表示钢中碳的平均质量分数为 0.8% 和 1.2% 的优质碳素工具钢。

碳素工具钢经热处理（淬火＋低温回火）后，硬度可达 60～65HRC，耐磨性和加工性都较好，价格便宜，已经得到广泛应用。工具钢经球化退火处理，可改善切削加工性，为最后淬火做组织准备，退火后的组织为球状珠光体，硬度一般低于 210HBS。

碳素工具钢在使用性能上的缺点是热硬性差，刃部温度高于 200℃时，硬度和耐磨性明显降低。多用来制造刃部受热程度较低的手动工具和低速刀具，也可制作轻量化模具和量具。常用碳素工具钢的牌号、化学成分、硬度和应用举例见表 3-4。

4. 工程用铸造碳钢

一些形状复杂且综合性能要求较严的大型零件，往往难以用锻造方法成型，采用铸造方法又不能满足力学性能要求，就适宜采用铸钢件。铸钢在重型机械、运输机械、国防工业等部门应用较多，如轧钢机机架、水压机横梁与气缸、机车车架、铁道车辆转向架摇枕、汽拖齿轮拨叉、起重机车轮、大型齿轮等。工程用铸造碳钢的牌号、含碳量、力学性能及应用举例见表 3-5。

表 3-4 常用碳素工具钢的牌号、化学成分、硬度和应用举例（部分摘自 GB/T 1298—2008）

牌号	化学成分（质量分数）/%			硬度			应用举例
	C	Mn	Si	退火状态 HBW，不大于	淬火后 HRC	淬火工艺	
T7	0.65～0.75	≤0.40	≤0.35	187	≥62	800℃～820℃，水	承受冲击，硬度适当的工具，如扁铲、手钳、大锤、旋具、木工工具等
T8	0.75～0.84	≤0.40	≤0.35			780℃～800℃，水	承受冲击，要求较高硬度的工具，如冲头、木工工具等
T8Mn	0.80～0.90	0.40～0.60	≤0.35				与 T8 钢相似，但淬透性较好，可制造截面较大的工具等
T9	0.85～0.94	≤0.40	≤0.35	192			承受一定冲击，硬度较高的工具，如冲头、木工工具、凿岩工具等
T10	0.95～1.04	≤0.40	≤0.35	197		760℃～780℃，水	不受剧烈冲击的高硬度耐磨工具，如车刀、刨刀、冲头、丝锥、钻头、手锯条等
T11	1.05～1.14	≤0.40	≤0.35	207			丝锥、刮刀、尺寸不大且截面无突变的冲模、木工工具等
T12	1.15～1.24	≤0.40	≤0.35				丝锥、刮刀、板牙、钻头、铰刀、锯条、冷切边模、量规等
T13	1.25～1.35	≤0.40	≤0.35	217			锉刀、刻刀、剃刀、拉丝模、加工坚硬岩石的工具等

注：高级优质碳素工具钢在牌号后加"A"。

表 3-5 工程用铸造碳钢的牌号、含碳量、力学性能和应用举例（部分摘自 GB/T 11352—2009）

牌号	w_C (%)	力学性能，不小于					应用举例
		σ_s/MPa	σ_b/MPa	A/%	Z/%	α_k/J·cm^{-2}	
ZG200—400	0.20	200	400	25	40	60	机座、变速箱壳等
ZG230—450	0.30	230	450	22	32	45	砧座、外壳、轴承盖、底板、阀体等
ZG270—500	0.40	270	500	18	25	35	轧钢机机架、轴承座、连杆、箱体、曲轴、缸体、飞轮、蒸汽锤等
ZG310—570	0.50	310	570	15	21	30	大齿轮、缸体、制动轮、辊子等
ZG340—640	0.60	340	640	12	18	20	起重运输机中的齿轮、联轴器等

工程用铸造碳钢中碳的质量分数为 0.2%～0.6%，含碳量过高，钢的塑性会变差，凝固时易产生裂纹。加入合金元素能提高铸造碳钢的力学性能，形成合金铸钢。

微课
碳素钢性能与应用

3.1.3 低合金高强度结构钢

低合金高强度结构钢是一种合金元素含量较低（质量分数一般在 3% 以下）、强度较高的工程用钢。低合金结构钢生产过程比较简单，价格与普通碳素结构钢相近，但强度比一般低碳结构钢高 10%～30%，拥有良好的塑性（$A>20\%$）和焊接性能，便于冲压或焊接成型。低合金结构钢通常以热轧态或热轧且正火态供应，使用时不再热处理，组织为铁素体和少量珠光体。强度要求较高的中小型件，可以通过淬火处理获得低碳马氏体而提高强度。

低合金高强度结构钢的牌号表示方法与碳素结构钢相同，即以字母"Q"开始，后面以 3 位数字表示最低屈服强度，最后以符号表示质量等级。如 Q345A 表示屈服强度不低于 345MPa 的 A 级低合金高强度钢。一般用途的低合金高强度结构钢的相关参数见表 3-6。

表 3-6　一般用途的低合金高强度结构钢的相关参数（部分摘自 GB/T 1591—2008）

牌号	相应旧牌号举例	化学成分（质量分数）/%						力学性能，不低于		应用举例
		C	Mn	V	Nb	Ti	Ni	R_{eL}/MPa	A (%)	
Q390 (A～E)	15MnV, 15MnTi	≤0.20	≤1.70	0.20	0.07	0.20	0.50	390	20	桥梁、船舶、起重机、压力容器等
Q420 (A～E)	15MnVN, 15MnVTiRe	≤0.20	≤1.70	0.20	0.07	0.20	0.80	420	19	高压容器、船舶、桥梁、锅炉等
Q460 (C～E)	—	≤0.20	≤1.80	0.20	0.11	0.20	0.80	460	17	大型桥梁、大型船舶、高压容器等
Q345 (A, B)	16Mn, 12MnV	≤0.20	≤1.70	0.15	0.07	0.20	0.50	345	20	桥梁、船舶、压力容器、车辆等

注：力学性能试样厚度或直径不大于 16mm。

3.1.4　合金钢

碳素钢种类齐全、生产简单、价格低廉，通过热处理提高力学性能，能满足机械加工需求。但碳素钢的强度及淬透性低，热硬性差，磨损、腐蚀和耐热等性能也比较低，因而使用领域受到限制。为改善钢的力学性能或获得某些特殊性能，在冶炼过程中有目的地加入合金元素，如 Mn（$w_{Mn}>0.8\%$）、Si（$w_{Si}>0.5\%$）、Cr、Ni、Mo、W、V、Ti、Zr、Co、Al、B、RE（稀土）等。碳素钢中加入一定量的合金元素后即成为合金钢。

1. 钢中合金元素的作用

钢中加入合金元素能改变钢的组织和性能，也能改变钢的相变点和合金状态图。合金元素在钢中的作用机理很复杂，主要表现在对基本相、铁碳合金相图和热处理的影响。

1）合金元素对钢中基本相的影响

退火、正火和调质状态下，铁素体和渗碳体是钢中两个基本相。少量合金元素进入钢中，一部分溶于铁素体形成合金铁素体，另一部分溶于渗碳体形成合金渗碳体。

（1）形成合金碳化物。如 Mn、Cr、Mo、W、V、Nb、Zr、Ti 等，可以溶于渗碳体形成合金渗碳体，也可以和 C 直接结合形成特殊合金碳化物，形成碳化物的倾向按上述顺序依次增强。Mn 作为弱碳化物形成元素，与 C 的亲和力比 Fe 强，溶于渗碳体中，形成合

金渗碳体 $(Fe, Mn)_3C$，但难以形成特殊碳化物。Cr、Mo、W 属于中强碳化物形成元素，既能形成合金渗碳体，如 $(Fe, Cr)_3C$ 等，又能形成各自的特殊碳化物，如 Cr_7C_3、$Cr_{23}C_6$、MoC、WC 等。Ti、Nb、V 是强碳化物形成元素，在钢中优先形成特殊碳化物，如 NbC、VC、TiC 等。

碳化物中渗碳体的稳定性最差，加入合金元素使碳化物稳定性提高。碳亲和力强的合金元素形成特殊碳化物，有高熔点、高稳定性、高硬度、高耐磨性和不易分解等特点。合金渗碳体和合金碳化物主要以第二相强化方式提高材料力学性能。碳化物的类型、数量、大小、形态及分布对钢的性能有很重要的影响。

（2）形成合金铁素体。如 Ni、Si、Al、Co 等，以及与碳亲和力较弱的碳化物形成元素如 Mn，主要溶于铁素体中，形成合金铁素体，起到固溶强化作用，提高钢的强度和硬度、降低韧度。固溶强化效果取决于铁素体点阵畸变的程度。一般而言，晶格形式与铁素体不同的合金元素，其原子半径与铁原子半径差别越大，则对铁素体的强化效果越明显。如图 3-1 所示为合金元素对铁素体硬度和冲击吸收能量的影响。由图可见，Si、Mn 对铁素体的强化效果要比 Cr、Mo、W 显著。当 $w_{Si}<0.6\%$、$w_{Mn}<1.5\%$ 时，对冲击吸收能量的影响不大，超过该值，冲击吸收能量下降。Cr、Ni 元素在适当的含量范围内（$w_{Cr}<1\%$、$w_{Ni}<3\%$），不但能提高铁素体硬度，而且能提高冲击韧度。工业中，为提高合金结构钢强化效果，常加入一定量的 Cr、Ni、Si、Mn 等合金元素。

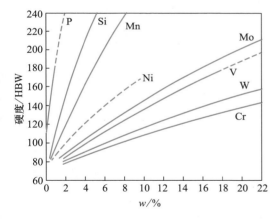
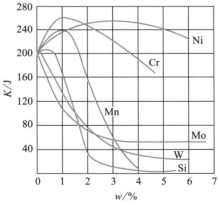

图 3-1
合金元素对铁素体硬度和冲击吸收能量的影响

可见，合金元素能改变碳钢基本相的性质与组成，影响钢的力学性能和工艺性能。

2）合金元素对铁碳合金相图的影响

（1）对相区的影响。合金元素溶入 Fe 中形成固溶体，会改变 Fe 的同素异构转变温度。Mn、Ni、Co 等元素溶入 Fe 中使 A_3 点降低，A_4 点升高，从而使 γ 相区扩大；合金元素质量分数达到一定量时，A_3 点降到室温以下，这就是说，合金在室温下仍能得到单一的 γ 相，如图 3-2（a）所示。Cr、V、Mo、Si 等合金元素溶入 Fe 中形成固溶体，会使 A_3 点升高，A_4 点下降，即缩小 γ 相区（α 相区扩大）；合金元素质量分数增加到一定程度后，γ 相区被一个月牙形的两相区封闭，从而使合金得到单相铁素体，如图 3-2（b）所示。利用合金元素能扩大或缩小 γ 相区的作用，可生产出奥氏体钢和铁素体钢。

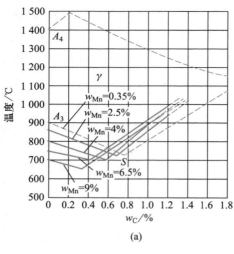

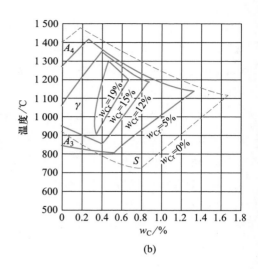

图 3-2
合金元素对 γ 相区的影响

（2）对 S 点、E 点的影响。合金元素溶入奥氏体时对 S 点、E 点的影响规律是：凡能扩大 γ 相区的合金元素，如 Mn、Ni 等，均使 S、E 点向左下方移动；凡能缩小 γ 相区的合金元素，如 Cr、Si 等，均使 S、E 点向左上方移动。

S 点左移，表示共析点的含碳量降低。例如，当钢中 Cr 的质量分数达到 12% 时，S 点左移至 w_C=0.4% 左右。这样，w_C=0.4% 的碳素钢原属于亚共析钢，由于加入 12%（质量分数）的 Cr，便成为共析成分合金钢。

E 点左移，表示发生莱氏体转变的含碳量降低。从相图可知，碳素钢中不会出现莱氏体，加入大量合金元素后，即使碳质量分数低于 2.11%，仍出现莱氏体组织。如在高速钢中，虽然碳质量分数只有 0.7%～0.8%，但由于 E 点左移，铸态下也会得到共晶莱氏体组织。

3）合金元素对钢热处理的影响

（1）对奥氏体化的影响。钢在加热时，奥氏体化过程的进行与碳及合金元素扩散以及碳化物稳定程度有关。多数合金元素（除 Ni、Co 外）都阻碍钢的奥氏体化过程。含有碳化物形成元素的钢，不易分解碳化物，使得奥氏体化过程大大减缓。因此，合金钢在热处理时，要相应地提高加热温度或延长保温时间，才能保证奥氏体化过程。

（2）对奥氏体晶粒大小的影响。大多数合金元素（除 Mn）都不同程度地阻碍奥氏体晶粒长大，特别是强碳化物形成元素（如 W、V、Mo 等）的作用更显著。这是由于它们形成的合金碳化物在高温下比较稳定，以弥散质点分布于奥氏体晶界上，起到阻止奥氏体晶粒长大的作用。

（3）对过冷奥氏体转变的影响。大多数合金元素（除 Co）均不同程度地使 C 曲线右移，碳化物形成元素甚至能使 C 曲线变形、临界冷却速度降低，从而提高钢的淬透性。提高淬透性的元素有 Mo、Mn、W、Cr、Ni、Si 和 Al 等，对淬透性的提高作用依次由强到弱。只有当合金元素溶入奥氏体中时才能有这样的作用，若合金元素以合金碳化物形式存在于奥氏体中，奥氏体中溶解的碳和合金元素含量减少，未溶碳化物还可以成为珠光体转变核心，使淬透性下降。

合金元素对马氏体相变温度也有显著影响，除 Co、Al 以外，大多数合金元素都使 M_s、M_f 下降，导致残余奥氏体增多，高碳高合金钢中的残余奥氏体量高达 30%～40%。残余奥氏体量过多，钢的硬度和疲劳抗力下降。因此须进行冷处理，即将钢冷至 M_s 以下，使组织转变为马氏体；或进行多次回火，使残余奥氏体因析出合金碳化物而升高 M_s、M_f，并在冷却过程中转变为马氏体或贝氏体（即发生所谓二次淬火）。此外，合金元素还影响马氏体的形态，Ni、Cr、Mn、Mo、Co 等元素均会增大片状马氏体形成倾向。

4）合金元素对回火转变的影响

淬火钢回火过程包含马氏体分解，碳化物形成、析出和聚集过程。合金元素在回火过程中的作用，主要体现在以下几个方面。

（1）提高回火稳定性。合金元素在回火过程中能推迟马氏体的分解和残余奥氏体的转变；提高铁素体再结晶温度；阻止 C 扩散，从而减缓碳化物形成、析出和聚集，提高钢的回火稳定性。提高回火稳定性作用较强的合金元素有 V、Si、Mo、W、Ni、Mn 和 Co 等。钢在高温下保持高硬度的能力称为热硬性或红硬性，合金钢的热硬性和耐热性优于工具钢和耐热钢。

（2）产生二次硬化。一些 Mo、W、V 元素含量较高的钢在回火过程，随着温度升高，硬度并非单调降低，而是在某一温度范围出现硬度回升，称为二次硬化。它是由合金碳化物弥散析出和残余奥氏体转变造成。合金元素对回火硬度的影响如图 3-3 所示。

（3）增大回火脆性。为避免第一类回火脆性的发生，一般不在 250℃～350℃ 温度范围内回火。加入质量分数为 1%～3% 的 Si，可使第一类回火脆性温度区间移向更高温度。含有 Cr、Mn、Ni 和 Si 等元素的合金钢淬火，在脆化温度（400℃～550℃）区回火，或经更高温度回火缓慢冷却并通过脆化温度区时，易产生第二类回火脆性。它与某些杂质元素在原奥氏体晶界上的偏聚有关。当出现第二类回火脆性时，可将其加热至 500℃～600℃，然后保温和快冷，就能消除回火脆性。对于不能快冷的大型结构件或不允许快冷的精密零件，应选用含有适量 Mo 或 W 元素的合金钢，防止第二类回火脆性的发生。

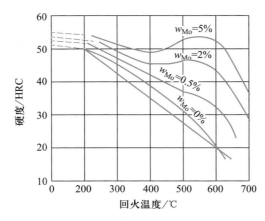

图 3-3
合金元素对回火硬度的影响

2. 合金结构钢

合金结构钢包括合金渗碳钢、合金调质钢、合金弹簧钢和滚动轴承钢等。合金结构钢不仅具有较高强度和韧度，而且具有优良的淬透性，主要用来制造工程构件和机械零件。

1）合金结构钢牌号

合金结构钢牌号采用"数字 + 元素符号 + 数字"的方式表示。前面两位数字表示碳的平均质量万分数。合金元素后面数字表示合金元素质量分数，当合金元素质量分数低于 1.5% 时，一般只标元素符号而不标数字，当其平均质量分数为 1.5%～2.49%，2.5%～3.49%，……，22.5%～23.49%，……时，则在元素后相应标出 2，3，……，23，……。例如 12CrNi3 钢，表示其碳的平均质量分数为 0.12%，铬的平均质量分数小于 1.5%，镍的平均质量分数为 3%。

高级优质钢在牌号后加"A"字表示，特级优质钢在牌号后加"E"表示。

2）合金渗碳钢

（1）化学成分特点。①碳的质量分数较低，在 0.10%～0.25% 之间，满足渗碳工艺要求；②加入提高钢淬透性的合金元素，如 Cr、Mn、Ni、B 等，以保证热处理后心部强度，并提高韧度；③加入防止晶粒长大的元素，如 V、W、Mo、Ti 等碳化物形成元素，主要作用是细化晶粒，提高渗碳层耐磨性。

（2）常用渗碳钢。合金渗碳钢按淬透性大小分为低、中、高淬透性三类。

①低淬透性渗碳钢，典型的有 15Cr、20Cr、20Mn2 钢等。这类钢淬透性低，经渗碳、淬火与低温回火后心部强度较低。强度与韧度配合较差，只可用来制造受力不太大、不需要高强度的耐磨零件，如小齿轮、小轴、活塞销等。

②中淬透性渗碳钢，典型的有 20CrMn、20CrMnTi 钢等。这类钢淬透性和力学性能均较高，用来制造承受中等动载荷且具有足够韧度的耐磨零件，如汽车、拖拉机变速箱齿轮。

③高淬透性渗碳钢，典型的有 20Cr2Ni4、18Cr2Ni4WA 钢等。这类钢淬透性高，空冷也能淬成马氏体，经渗碳、淬火后，心部强度很高，强度与韧度配合很好，主要用来制造重载耐磨损大型零件，如大型渗碳齿轮和轴类。

（3）热处理特点。合金渗碳钢的热处理过程，一般安排在机械加工之后，磨削之前进行，渗碳处理后直接淬火，再低温回火。对于渗碳时容易过热的钢种（如 20Cr，20Mn2等），晶粒易于长大，在渗碳后先正火，再进行淬火、回火处理。

热处理后，零件表面组织为高碳回火马氏体和细小碳化物，具有很高的硬度和耐磨性。合金渗碳钢可在油中淬火，降低工件变形与开裂倾向。基体部分，根据钢的淬透性，可为低碳回火马氏体或低碳马氏体与贝氏体，也可以是托氏体，使基体获得良好韧性。经过热处理后的工件可以达到"表硬里韧"的性能。热处理后渗碳层硬度为 60～62HRC，心部硬度为 25～48HRC，心部冲击韧度一般高于 70J/cm^2。

3）合金调质钢

（1）化学成分特点

碳的质量分数介于 0.27%～0.50% 之间，以 0.4% 居多。碳的质量分数过低，合金调质钢不易淬硬，回火后达不到预期强度；碳的质量分数过高，则钢的韧度不足。加入提高钢淬透性的合金元素，如 Cr、Ni、Mn、Si、B 等元素，可提高合金调质钢的淬透性。全部淬透的零件高温回火后，能获得优良的综合力学性能，特别是高的屈强比。除 B 以外，都有较显著强化铁素体的作用，当它们的质量分数在一定范围时，还可提高铁素体韧度。加入提高钢回火稳定性的合金元素（如 Mo、W、V、Al 等）。Mo、W 有防止调质钢的第二类回火脆性的作用，V 可细化晶粒，Al 可提高合金调质钢的渗氮强化效果。

（2）常用调质钢。合金调质钢按淬透性大小可分为低、中、高淬透性三类。

①低淬透性调质钢，典型的有 40Cr、40MnVB 钢等。这类钢由于淬透性不太高，多用于制造小尺寸的重要零件，如轴类、柱塞、连杆、气阀和受力齿轮等。

②中淬透性调质钢，典型的有 40CrMn、35CrMo 钢等。这类钢淬透性较好，调质后综合力学性能较好，可用来制造大尺寸重载调质零件，如曲轴、连杆及替代 40CrNi 钢的大轴类件。

③高淬透性调质钢，典型的有 38CrMoAl、40CrNiMoA、25Cr2Ni4WA 等。这类钢淬透性很好，调质后综合力学性能很好，可用来制造大截面重载调质件，如大型轴类零件、齿轮、高压阀门、缸套和航空发动机轴等。

（3）热处理特点。调质钢的最终热处理为淬火与高温回火，即调质处理。一般工件调质处理前需要进行预先热处理（正火或退火处理），组织为铁素体和珠光体，切削性能良好。工件在切削粗加工或半精加工之后安排调质处理。合金调质钢经过常规热处理后的组织是回火索氏体。高温回火时要防止某些合金钢产生回火脆性，如铬镍钢、铬锰钢等。高温回火后缓慢冷却时往往会产生第二类回火脆性，采用快速冷却则可以避免。大截面零件的快速冷却往往受到限制，通常加入 Mo 和 W 合金元素（w_{Mo}=0.15%～0.30%，w_W=0.8%～1.2%），抑制或防止第二类回火脆性。

对于要求表面具有高硬度和高耐磨性的调质钢零件，如轴类和齿轮等，可采用表面热处理来提高零件的表面耐磨性。对某些专用钢（如 38CrMoAl 钢），则可采用渗氮处理，使表层形成高硬度的渗氮层。

4）合金弹簧钢

（1）化学成分特点。

①碳的质量分数为 0.45%～0.70%，能获得较高的弹性极限与疲劳极限。若碳的质量分数过低，则钢的强度不足；若碳的质量分数过高，则韧性、塑性差，疲劳极限下降。

②主要加入合金元素有 Mn、Si、Cr 等，目的是强化铁素体，提高屈服强度和屈强比，但对于硅锰弹簧钢，易产生脱碳过热倾向。辅助加入合金元素有 Cr、W、Mo、V 等，能减缓硅锰弹簧钢易产生脱碳过热的倾向，其中 V 还能提高冲击韧度等。

（2）常用弹簧钢。常用合金弹簧钢，按合金化特点大致分为以下两类：

①以 Si、Mn 为主要加入元素的弹簧钢，典型的有 65Mn、60Si2Mn 钢等。其淬透性及力学性能明显优于碳素弹簧钢，如汽车与拖拉机上的板簧和螺旋弹簧，价格便宜，在机械工业中得到广泛应用。

②在 Si、Mn 的基础上加入少量 Mo、Cr、V、Nb、B 等元素制成的弹簧钢，典型的有 50CrVA、55SMnVB 钢等。不仅具有较高的淬透性，而且有较高的高温强度、韧度和

较优良的热处理工艺性能。用来制造截面尺寸大、350℃～400℃温度下承受重载荷的大型弹簧，如阀门弹簧、高速汽油机的气门弹簧等。

（3）热处理特点。按照加工和热处理工艺的不同，弹簧可分为热成形弹簧和冷成形弹簧两类。热成形弹簧多用细圆钢或扁钢加热成形，然后淬火、中温回火，获得回火托氏体，获得较高的弹性极限与疲劳强度，同时保留塑性和韧性。适合制造截面尺寸大于10mm 的螺旋弹簧和板式弹簧。弹簧钢热处理后往往要进行喷丸处理，强化表面质量，使表面形成残余压应力，提高弹簧使用寿命。如用 60Si2Mn 钢制造的汽车板簧经喷丸处理后，使用寿命可提高 5～6 倍。对于小尺寸弹簧，常采用冷拉钢丝冷卷成形，进行淬火与中温回火处理或去应力退火处理。

5）滚动轴承钢

用来制造滚动轴承的内圈、外圈和滚动体的专用钢称为滚动轴承钢，属于专用结构钢。从化学成分看也属于工具钢，用来制造精密量具、冷冲模、机床丝杠等耐磨件。滚动轴承钢的编号与其他合金结构钢略有不同，是在钢号前面加"G"，后跟铬的质量千分数，如 GCr15SiMn，表示 w_{Cr}=1.5%、w_{Si}<1.5%、w_{Mn}<1.5% 的轴承钢。

（1）化学成分特点。

①滚动轴承钢，因碳质量分数较高（0.95%～1.10%），而硬度高且耐磨损。

② Cr 为主要加入合金元素。Cr 可提高钢的淬透性，热处理后形成细小均匀的合金渗碳体 $(Fe，Cr)_3C$，提高耐磨性与疲劳强度。$(Fe，Cr)_3C$ 还能细化奥氏体晶粒，淬火获得细针或隐晶马氏体，改善钢的韧度。Cr 质量分数过高（即 w_{Cr}>1.65%），会增加残余奥氏体量和碳化物分布的不均匀性，反而降低轴承钢的性能。适宜的 Cr 质量分数为0.40%～1.65%。

③加入了 Si、Mn、V 等合金元素。Si、Mn 进一步提高淬透性，使钢适合制作大型轴承。V 部分溶入奥氏体，部分形成碳化物 VC，提高钢的耐磨性并防止过热。

④为实现高质量冶金，规定 w_S<0.02%，w_P<0.027%。非金属夹杂物对轴承钢性能，尤其是接触疲劳强度影响很大。轴承钢一般采用电炉冶炼，甚至进行真空脱气处理。

（2）热处理特点。滚动轴承钢的热处理主要是球化退火、淬火及低温回火。球化退火主要作为预备热处理，采用淬火及低温回火完成最终热处理。根据不同成分钢种选取合适的淬火温度。淬火后应立即回火，消除内应力，提高韧度与尺寸稳定性。淬火与回火的轴承钢金相组织是极细的马氏体、分布均匀的粒状碳化物及少量的残余奥氏体。热处理硬度为 61～65HRC，生产精密轴承时，淬火后应立即进行一次冷处理，回火及磨削加工后时效处理，稳定尺寸。

3. 合金工具钢

1）合金工具钢的分类和编号

合金工具钢按用途分为刃具钢、模具钢和量具钢。合金刃具钢包括低合金刃具钢和高速钢。合金模具钢包括热作模具钢和冷作模具钢。对具体钢种而言，并无绝对应用界限，当以工况性能作为首要选材依据，如某些刃具钢也可制造冷冲模或量具等。

合金工具钢的牌号是用代表碳的平均质量分数的数字与合金元素及数字表示。钢号前面的数字表示碳的平均质量分数小于 1% 时的千分数（一位数），当碳的平均质量分数不低于 1.0% 时，则不标出。合金元素表示方法与合金结构钢相同。如 9Mn2V 钢表示 w_C=0.85%～0.95%、w_{Mn}=1.70%～2.00%、w_V<1.5% 的合金工具钢，CrWMn 钢表示 w_C=0.90%～1.05%、w_{Cr}=0.90%～1.20%、w_{Mn}=0.80%～1.10% 的合金工具钢。

2）合金刃具钢—低合金刃具钢

（1）性能特点和用途。低合金刃具钢耐磨性优良，硬度较高，60HRC 以上。制成的刀具耐用度高，塑性和韧性好。受到较大冲击或振动，也不会过早折断或崩刃。低合金刃具钢的一般工作温度不高于 300℃。低合金刃具钢主要用来制造低速切削刃具，如丝锥、板牙、铰刀、车刀和铣刀等，也可用来制造冷冲模、量具等。

（2）化学成分特点。低合金刃具钢中碳的含量较高，质量分数一般为 0.8%～1.5%，保证钢的淬硬性和形成合金碳化物的需要。常用的合金元素有 Cr、Mn、Si、W、V 等，其总质量分数低于 5%。其中 Cr、Mn、Si 是主加合金元素，作用是提高钢的淬透性和钢的强度；W、V 为辅加合金元素，可细化奥氏体晶粒，提高钢的硬度、耐磨性和热硬性。

（3）常用钢种及热处理、组织性能和应用。刃具毛坯锻造后采用球化退火作为预先热处理，获得球状珠光体便于加工并为最终热处理做准备。机械加工后的最终热处理为淬火和低温回火。钢的硬度可达到 60～65HRC，热处理后组织包含细小回火马氏体、粒状合金碳化物和少量奥氏体。

9SiCr、CrWMn、9Mn2V 等钢材是常用的低合金刃具钢，也能制作冷冲模和量具。其中 9SiCr 钢具有较好的淬透性和回火稳定性，碳化物细小均匀，热硬性可达 250℃～300℃，适合制造各种薄刃刀具，如丝锥、板牙、铰刀等，也适合制造截面尺寸较大、形状复杂或变形小的工模具。

3）合金刃具钢－高速钢

（1）性能特点及用途。高速钢制作的刃具，能以比低合金工具钢刃具更高的切削速度完成连续切削。高速钢刃具切削时能长期保持刃口锋利，故高速钢也称为锋钢；又因其在空冷条件下也能形成马氏体组织，故又有"风钢"之称。高速钢区别于其他工具钢的显著特点是良好的热硬性。切削温度高达 600℃时，硬度也不会明显下降。

高速钢主要用来制造高速切削的机床刀具，一般需锻造成形。高速钢含有大量的合金元素，铸态组织出现莱氏体，属于莱氏体钢。组织中共晶碳化物呈鱼骨状，粗大质脆，常规热处理方法难以消除，必须通过反复锻造将其击碎，使之分布均匀。高速钢的牌号按合金工具钢的方法表示，但不标出碳的质量分数，如高速钢的典型钢号 W18Cr4V，碳质量分数为 0.70%～0.80%。

（2）化学成分特点。高速钢的化学成分主要特点是高碳与高合金。

①高碳。为了在淬火后获得高碳马氏体，碳的质量分数较高（0.70%～1.3%），以保证与 W、Cr、V 形成足够数量的碳化物，并以一定的量溶入奥氏体，获得高硬度、高耐磨性及高热硬性。但碳质量分数过高，也易导致钢的塑性、韧性降低，脆性增大，工作过程中刀具容易崩刃。

②高合金。加入大量的碳化物形成元素，如 W、Mo、Cr、V 等，合金元素总质量分数超过 10%。高速钢的使用性能主要与大量合金元素在钢中所起的作用有关。Cr 的质量分数在 3.8%~4.4%。在淬火加热时，钢中的 Cr 几乎全部溶入奥氏体中，增强稳定性，从而显著提高钢的淬透性，在空冷条件下也可得到马氏体组织。W、Mo 和 V 的主要作用在于提高钢的热硬性。淬火后形成富含 W、Mo、V 的马氏体组织，回火稳定性高。560℃左右回火时，会析出弥散态的特殊碳化物 W2C、Mo2C，造成二次硬化，获得热硬性。此外，W2C、Mo2C 还可提高钢的耐磨性。V 的碳化物更为稳定，熔点与硬度更高。VC 颗粒非常细小，分布也很均匀，从而使钢的硬度和耐磨性显著提高。

（3）常用钢种及热处理特点和组织性能。高速钢分为 W 系高速钢和 W-Mo 系高速钢。典型的 W 系高速钢牌号为 W18Cr4V 钢，典型的 W-Mo 系高速钢牌号为 W6Mo5Cr4V2钢。W 系高速钢有高的硬度、红硬性及高温硬度。它的热处理范围较宽，淬火不易过热，热处理过程不易氧化脱碳，磨削加工性能较好。W-Mo 系高速钢的韧性、耐磨性、热塑性均优于 W18Cr4V，而硬度、红硬性、高温硬度与 W18Cr4V 相当。这两种钢的性能优异，广泛用来制造各种切削刀具。高速钢锻造后的预先热处理，多采用等温退火工艺，能降低硬度，消除应力，改善切削加工性能，为最终热处理作准备。退火后组织为索氏体和均匀细小的粒状碳化物，硬度为 207~255HBW。

高速钢最终热处理为淬火和回火，经过淬火和回火，高速钢的优越性才能发挥出来。淬火加热温度高（1 270℃~1 280℃），能获得高的热硬性。这是因为高速钢中含有大量 W、Mo、Cr、V 的难溶碳化物，碳化物只有在 1 000℃以上才能分解并使合金元素充分溶入奥氏体中。高速钢导热性很差，淬火加热时必须完成一次预热（800℃~850℃）或两次预热（580℃~620℃，800℃~850℃）。高速钢淬火后的组织为淬火马氏体、剩余合金碳化物和大量残余奥氏体。高速钢淬火后的回火是为了消除淬火应力，稳定组织，减少残余奥氏体的数量，达到期望的性能。回火过程中残余奥氏体可转变成马氏体，但高速钢淬火后残余奥氏体量很多（质量分数为 30%），必须在 550℃~570℃的温度下经历三次回火才能转变为马氏体，如图 3-4 所示。

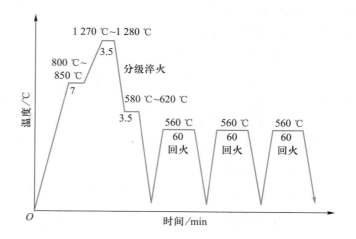

图 3-4
W18Cr4V 钢的淬火、回火工艺

高速钢回火后的组织为回火马氏体、均匀细微的颗粒状碳化物和少量残余奥氏体，其硬度为62～65HRC。

4）模具钢—合金冷作模具钢

用来制造各种模具的钢材称为模具钢，根据工作条件的不同，分为冷作模具钢和热作模具钢两类。

（1）性能特点及用途。冷作模具钢用来制造常温下迫使金属变形的模具，如冷冲模、冷锻模、冷挤压模以及拉丝模、搓丝板等。

冷作模具在工作中承受较大的压力、弯曲应力、冲击力和摩擦力，主要失效形式是磨损和变形。冷作模具钢应有高的硬度、良好的耐磨性以及足够的强度与韧度。冷作模具钢中加入合金元素，目的是提高淬透性和耐磨性。耐磨性要求高的模具，例如 Cr、Mo、W、V 等元素的多元合金钢，可以加入碳化物形成元素。

（2）化学成分特点。

①高碳。C 的质量分数高达 1.0%～2.2%，有助于提高硬度和耐磨性。

②高铬。Cr 作为主要加入合金元素，质量分数高达 12%，极大提高了钢的淬透性。辅助加入合金元素 Mo、W、V 等，能改善钢的淬透性和回火稳定性。合金碳化物能进一步提高钢的耐磨性。

（3）热处理特点及组织性能。冷作模具钢的热处理包括球化退火等预备热处理和淬火、回火等最终热处理。Cr12 冷作模具钢热处理方法有两种：复杂重载模具采用"一次硬化处理法"，即较低温度（950℃～1 000℃）淬火与较低温度（160℃～180℃）回火，硬度可达 61～63HRC，处理后模具的耐磨性和韧度较好，淬火变形较小；工作于 400℃～500℃ 磨损环境中的模具要求具备一定程度的热硬性，采用"二次硬化法"，即较高的温度（1 100℃～1 150℃）淬火与 2～3 次高温回火（510℃～520℃），使之产生二次硬化，热硬性随之提高。高铬冷作模具钢淬火和回火后的组织为回火马氏体、粒状碳化物和少量残余奥氏体。最终热处理安排在加工成形后，经热处理后的模具可达很高硬度，只需适当研磨和修整即可。

5）模具钢—合金热作模具钢

（1）性能特点及用途。受热状态下完成金属成型的模具称为热作模具，如热锻模、热挤压模、压铸模、热镦模和热压模等。热作模具的材料必须具有高的强度、硬度及热稳定性，才能长时间工作于高温高压下。

（2）化学成分特点。碳质量分数在 0.3%～0.6%，能获得优良的强度、韧度、硬度及抗热疲劳性能。主要加入合金元素有 Cr、Ni、Si、Mn 等，作用是提高钢的淬透性和强化铁素体。辅助加入元素有 W、V、Mo 等，作用是细化晶粒，提高钢的回火稳定性，Mo 还可防止产生第二类回火脆性。

（3）热处理特点及组织性能。热作模具钢的热处理包括作为预先热处理的锻造后球化退火和作为最终热处理的淬火与回火。淬火后高温回火，可以获得回火托氏体或回火索氏体基体组织，产生二次硬化而取得较高的韧度和热硬性。热作模具钢淬火并回火后的组织为回火托氏体或回火索氏体组织及均匀分布的细密碳化物，硬度在 34～48HRC

之间。

6）合金量具钢

（1）性能特点及用途。量具是在机械加工过程中控制加工精度或检测度量尺寸的测量工具，如塞规、量块、千分尺等。用来制造量具的合金钢称为合金量具钢。量具应该能够在长期保存与使用过程中，保持结构与尺寸稳定，特别是高精度要求的量具更应如此。因此，合金量具钢应具有高的硬度和耐磨性、足够的韧度和极低的热变形。

（2）化学成分特点

①碳的质量分数一般在 0.90%～1.50%，有助于获得高的硬度与耐磨性。

②合金元素 Cr、W、Mn 等元素，提高钢的淬透性，减小淬火变形和应力；形成合金碳化物，进一步提高钢的耐磨性；将马氏体分解的第二阶段向高温区推移，提高马氏体稳定性，获得较高的尺寸稳定性。具有上述特点的合金钢，如 CrWMn、GCr15、SiMn 钢等，均可用做量具钢。

（3）热处理特点及组织性能。量具钢热处理包括锻造后球化退火、机械加工后淬火和回火处理。在满足硬度前提下尽量降低淬火温度，在冷速较缓的介质中淬火，淬火后立即进行一次冷处理（−80℃～−70℃），使残余奥氏体尽可能地转变为马氏体，然后低温回火。为提高精密量具的尺寸稳定性，淬火、冷处理和低温回火后安排 120℃～130℃时效处理，降低马氏体正方度、稳定残存奥氏体并消除残余应力。高精度量具还需要多次低温时效处理。

3.2　铸铁材料

铸铁是指由 Fe、C 和 Si 元素为主，组成的合金总称。铸铁中含 C 和含 Si 量较高（w_C=2.5%～4%，w_{Si}=1%～3%），杂质元素 Mn、S、P 较多。为提高铸铁的力学性能或物理化学性能，加入适量的合金元素，得到合金铸铁。铸铁具有优良的铸造性能、切削加工性、耐磨性及减震性。铸造生产工艺与设备简单、成本低廉，应用广泛。

3.2.1　铸铁的形态

铸铁中的碳元素，因结晶条件的不同，以渗碳体或石墨形式存在。根据碳在铸铁中的存在形式以及断口颜色不同，铸铁可分为白口铸铁、麻口铸铁和灰口铸铁三类。

1. 白口铸铁

结晶过程中没有石墨析出，断口呈银白色的一类铸铁，称为白口铸铁，简称白口铁。组织中含有较多的游离渗碳体，硬度较高（一般在 500HBW 以上），但质脆，多用作抗磨损零件，如农具、磨球、磨煤机零件、抛丸机叶片、泥浆泵零件、铸砂管以及冷硬轧辊的外表层等。

2. 麻口铸铁

麻口铸铁是介于白口铸铁和灰铸铁之间的一种铸铁。麻口铸铁一般是由组织成分不匀或冷却速度过快等原因导致的。麻口铸铁不易加工，性能也不佳，在生产中应避免出现麻口组织。

3. 灰口铸铁

灰口铸铁是铸铁中使用得最多的一种。灰口铸铁是在珠光体（或铁素体）基体中分散有大量片状石墨的铸铁。浇注时缓慢冷却即可促使铸铁石墨化转变，得到灰口铸铁，以断口常呈灰黑色的特征而区别于白口铸铁。灰口铸铁虽为脆性材料，但能吸收外力变形，具有一定韧性。碳的质量分数一般为 2.8%～4.0%，浇注性能良好，广泛应用于结构较为复杂的铸件，甚至用于浇注受压容器。

3.2.2 铸铁石墨化

1. 铸铁的石墨化过程

铸铁中的碳以石墨形式析出的过程，称为铸铁石墨化。铸铁中的碳，除了少量固溶于基体外，大部分以两种形式存在：一是化合态的渗碳体（Fe_3C），复杂晶格结构的间隙化合物，碳的质量分数为 6.69%；二是游离态的石墨（G），一种相对稳定的相。熔融状态下碳有形成石墨的趋势。铸铁中的石墨为简单六方晶格，如图 3-5 所示。力学性能较差，硬度仅为 3～5HBW，抗拉强度约 20MPa，延伸率几乎为零。铸铁组织中，有石墨存在的部位，相当于结构中包含裂纹或空洞，对铸铁的性能带来极大不利影响。

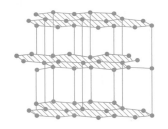

图 3-5
石墨的晶体结构

铸铁结晶时的石墨化过程，分为三个阶段：第一阶段为高温石墨化，从液相中析出的石墨，包括液相线到共晶温度区间内析出的一次石墨和共晶反应时析出的石墨；第二阶段为中温石墨化，共晶和共析温度区间从奥氏体中析出二次石墨；第三阶段为低温石墨化，共析转变及以后析出石墨等。

石墨化的过程，本质就是原子扩散过程。在第一阶段和第二阶段石墨化时，温度高，碳原子的扩散能力强，石墨化容易进行；第三阶段石墨化时，温度较低，碳原子扩散困难，石墨化不容易进行。不同铸铁石墨化完成状态，产生不同形式的基体组织。

2. 影响石墨化的因素

铸铁石墨化程度受诸多因素影响，凡有利于碳原子扩散、聚集和结晶的因素都能促进石墨化；反之则阻碍石墨化。实践表明，铸铁的化学成分和凝固时的冷却速度是影响石墨化的两个最主要因素。

1）化学成分

C 和 Si 都是强烈促进铸铁石墨化的元素。铸铁中含 C 和 Si 越多，越易石墨化，但会导致石墨片发育粗大，降低机械性能。因此，可通过调整铸铁中的 C 和 Si 含量来控制铸铁的组织与性能。

S 和 Mn 是阻碍铸铁石墨化的元素。含硫量高容易形成白口铁，一般限定在 0.15% 以下。Mn 可以与 S 形成 MnS，减弱 S 的有害作用，还能提高机械性能，因此 Mn 的含量可稍高些（0.6%～1.2%）。

P 虽有微弱的促进石墨化作用，但会产生冷脆，一般限定在 0.3% 以下。

2）冷却速度

铸铁中石墨的析出，实质上是碳原子扩散和聚集的过程，冷却速度对铸铁石墨化的影响很大。冷却速度越慢，越有利于碳原子充分扩散，使石墨化过程顺利进行。影响冷却速度的主要因素是铸件壁厚与铸型材料。铸件越厚，铸型材料导热性越差，则冷却速度越慢，石墨化就越容易充分进行；反之，则不利于石墨化的进行。

3.2.3　常用铸铁

1. 灰铸铁

灰铸铁是特定成分的铁水作适当的炉前处理，浇注后获得片状石墨的铸铁。灰铸铁生产工艺简单、成本低，有广泛应用。

1）灰铸铁的化学成分

灰铸铁的化学成分范围为：w_C=2.6%～3.6%，w_{Si}=1.2%～3.0%，w_{Mn}=0.4%～1.2%，w_P≤0.2%，w_S≤0.15%。选取适当的 C 和 Si 含量，可以确保 C 的石墨化进程，防止出现白口组织。C 和 Si 含量过高，则会析出大量石墨，降低铸铁力学性能。Mn 能消除 S 的有害作用，调节灰铸铁的基体组织。P 是控制使用的元素，S 是严格限制的元素。

2）灰铸铁的组织

灰铸铁的组织特征是：片状石墨分布在基体组织上。受化学成分和冷却速度影响，灰铸铁的显微组织如图 3-6 所示，包括铁素体、铁素体＋珠光体、珠光体。

(a) 铁素体　　　　　　　　(b) 铁素体＋珠光体　　　　　　　　(c) 珠光体

图 3-6
灰铸铁的显微组织

灰铸铁中存在的三种不同基体组织起因于第三阶段石墨化程度。在第一阶段和第二阶段石墨化过程充分进行的前提下，如果第三阶段石墨化过程也充分进行，则获得铁素体基体组织；如果第三阶段石墨化过程仅部分进行，则获得铁素体＋珠光体的基体组织；如果第三阶段石墨化过程完全没有进行，则获得珠光体基体组织。灰铸铁的组织可视作是在钢的基体上分布着片状石墨。

3）灰铸铁的性能

灰铸铁力学性能主要取决于基体和石墨的分布状态。Si 和 Mn 等元素对铁素体有强化作用，因此灰铸铁基体的强度与硬度不低于相应的钢。

当石墨以片状形态分布于基体上时，可近似地将石墨看作是许多裂纹和空隙。组织缺陷不仅割断了基体的连续性，减小了载荷的有效承受面积，而且在石墨片的尖端处还会产生应力集中，造成脆性断裂。片状石墨的割裂作用，降低了灰铸铁的抗拉强度，使塑性和韧性几乎为零。

石墨虽然降低了铸铁的强度、塑性和韧性，但也有积极作用。

（1）铸造性能好，灰铸铁熔点低，流动性好。结晶过程中析出大量石墨，部分补偿了基体的收缩性，收缩率较低。

（2）减振性和吸振性极佳。石墨割裂了基体，阻止了振动的传播，将振动能量转变为热能消耗掉，减振能力比钢高 10 倍左右。

（3）良好的减摩性。石墨本身有润滑作用，石墨从基体上剥落后所形成的孔隙有吸附和储存润滑油的作用，减少零部件磨损。

（4）良好的切削加工性能。片状石墨割裂了基体，使切屑易脆性断裂。石墨的减摩作用，降低了切削刀具的磨损。

（5）缺口敏感性低。铸铁中石墨的存在相当于许多微观裂纹，致使外来冲击对缺口的敏感性相对减弱。

4）灰铸铁的牌号和应用

灰铸铁的牌号由："HT+ 数字"组成。牌号中的"HT"是"灰铁"汉语拼音的首字母，后面 3 位数字表示 ϕ30mm 单铸试棒的最低抗拉强度值（MPa）。

铸铁有诸多优良性能，价格便宜，制造方便，在工业中应用非常广泛，特别适合于制造受压耐磨减震类零件。灰铸铁的类别、牌号、铸件壁厚、力学性能及用途见表 3-7。

表 3-7　灰铸铁的类别、牌号、铸件壁厚、力学性能及用途（摘自 GB/T 9439—1988）

类别	牌号	铸件壁厚 /mm	力学性能		用途
			σ_b/MPa	HBS	
铁素体灰铸铁	HT100	2.5～10	130	10～166	适用于载荷小、对摩擦和磨损无特殊要求的不重要铸件，如防护罩、盖、油盘、手轮、支架、底板、重锤、小手柄等
		10～20	100	93～140	
		20～30	90	87～131	
		30～50	80	82～122	
铁素体珠光体灰铸铁	HT150	2.5～10	175	137～205	承受中等载荷的铸件，如机座、支架、箱体、刀架、床身、轴承座、工作台、带轮、端盖、泵体、阀体、管路、飞轮、电机座等
		10～20	145	119～179	
		20～30	130	110～166	
		30～50	120	105～157	

续表

类别	牌号	铸件壁厚 /mm	力学性能		用途
			σ_b/MPa	HBS	
珠光体灰铸铁	HT200	2.5～10	220	157～236	承受较重载荷和要求一定气密性或耐蚀性的重要铸件,如汽缸、齿轮、机座、飞轮、床身、汽缸体、汽缸套、活塞、齿轮箱、刹车轮、联轴器盘、中等压力阀体等
		10～20	195	148～222	
		20～30	170	134～200	
		30～50	160	129～192	
	HT250	4.0～10	270	175～262	
		10～20	240	164～247	
		20～30	220	157～236	
		30～50	200	150～225	
孕育铸铁	HT300	10～20	290	182～272	承受高载荷、耐磨和高气密性的重要铸件,如重型机床、剪床、压力机、机床床身、机座、机架、高压液压件、活塞环、重载齿轮、凸轮、衬套、重型曲轴、汽缸体、缸套、汽缸盖等
		20～30	250	168～251	
		30～50	230	161～241	
	HT350	10～20	340	199～298	
		20～30	290	182～272	
		30～50	260	171～257	

2. 球墨铸铁

铁液经球化处理和孕育处理,石墨呈现球状的铸铁称为球墨铸铁。即浇注前往铁液中加入适量球化剂(稀土镁合金等)和孕育剂(硅铁或硅钙合金),使铸铁中石墨呈球状析出。

1)球墨铸铁的化学成分、组织

球墨铸铁化学成分特点是 C、Si 含量高,而 Mn 的含量较低,对 S 和 P 的限制较严,含有一定量的稀土镁。一般 w_C=3.6%～4.0%,w_S=2.0%～3.2%。

球墨铸铁的组织是在钢的基体上分布着球状石墨。铸态下球墨铸铁的基体,有不同数量的铁素体、珠光体,甚至有渗碳体。生产中通过热处理,获得预期组织,常有铁素体球墨铸铁、珠光体 + 铁素体球墨铸铁、珠光体球墨铸铁和下贝氏体球墨铸铁。

2)球墨铸铁的性能

球墨铸铁中石墨呈球状,对金属基体的割裂作用较弱,使球墨铸铁的抗拉强度、塑性和韧性、疲劳强度等高于其他铸铁。突出优点是具有高的屈强比,对于承受静载荷零件,可用球墨铸铁代替铸钢。

球墨铸铁的力学性能比灰铸铁高,成本却接近于灰铸铁,保留灰铸铁优良的铸造性、切削加工性、减摩性和缺口不敏感性等。可代替部分钢作用于重要零部件,对实现以铁代钢和以铸代锻,起到了重要的作用,有较高的经济效益。

3）球墨铸铁的牌号和应用

国家标准中有 8 个球墨铸铁的牌号，见表 3-8。牌号由 QT 与两组数字组成，QT 表示"球铁"汉语拼音的首字母，第一组数字代表最低抗拉强度，第二组数字代表最低伸长率。

表 3-8　球墨铸铁的牌号、基体组织、力学性能及用途

牌号	基体组织	力学性能				用途
		R_m/MPa	$\sigma_{S0.2}$/MPa	δ/%	HBS	
		不小于				
QT400-18	铁素体	400	250	18	130～180	承受冲击、振动的零件，如汽车轮毂、驱动桥壳、差速器壳、拨叉，农具零件，中低压阀门，输气管道，压缩机汽缸，电动机机壳，齿轮箱，飞轮壳等
QT400-15		400	250	15	130～180	
QT450-10		450	310	10	160～210	
QT500-7	铁素体 + 珠光体	500	320	7	170～230	机器座架、传动轴、飞轮、油泵齿轮、机车轴瓦等
QT600-3	珠光体 + 铁素体	600	370	3	190～270	重载复杂零件，如汽拖曲轴、连杆、凸轮轴、汽缸套，铣床主轴，机床蜗杆、蜗轮、轧钢机轧辊、大齿轮、轮机主轴、汽缸体、起重机滚轮等
QT700-2	珠光体	700	420	2	225～305	
QT800-2	珠光体或回火组织	800	480	2	245～335	
QT900-2	贝氏体或回火马氏体	900	600	2	280～360	高强度齿轮，如汽车后桥螺旋锥齿轮，大减速器齿轮，内燃机曲轴、凸轮轴等

4）球墨铸铁的热处理

（1）退火。退火目的是降低硬度，改善切削加工性能并消除铸造应力，获得高韧性。当铸态组织为 F+P+Fe$_3$C+G（石墨）时，进行高温退火，即将铸件加热到共析温度以上（900℃～950℃），保温 2～5h 后随炉冷至 600℃出炉空冷。当铸态组织为 F+P+G（石墨）时，进行低温退火，即将铸件加热至共析温度附近（700℃～760℃），保温 1～3h 后随炉冷至 600℃出炉空冷。

（2）正火。正火是为获得较高的强度、硬度和耐磨性。高温正火也称完全奥氏体正火，它是将铸件加热到共析温度以上（880℃～920℃），保温 1～3h 后空冷。厚壁铸件，可以采用风冷，甚至喷雾冷却。铸态组织中有自由渗碳体存在，则正火温度应提高至950℃～980℃。高温正火后塑性和韧性较差，但低温正火能获得较好的塑性和韧性，它是将铸件加热至 840℃～860℃，保温 1～4h 后出炉空冷。低温正火后强度偏低，内应力较大，应再进行一次去应力退火。

（3）等温淬火。将铸件加热至 860℃～920℃，适当保温（热透），然后迅速放入250℃～350℃的盐浴炉中进行 0.5～1.5h 的等温处理后空冷，可不进行回火。等温淬火是提高球墨铸铁综合力学性能的有效途径，但仅适用于结构尺寸不大、力学性能要求较高的零件，如中型齿轮、滚动轴承套圈、凸轮轴等。

（4）淬火加回火。为获得综合力学性能，可采用调质处理，它是将铸件加热到 860℃～920℃，保温后油冷，然后在 550℃～620℃高温回火 2～6h。适用于受力复杂，截面尺寸较大的铸件，如曲柄和连杆等。如果要求具有较高硬度和耐磨性，则可在淬火后进行

140℃～250℃的低温回火；淬火后经 330℃～500℃的中温回火，可获得具有较高弹性、韧性及良好耐磨性的球墨铸铁。

3. 可锻铸铁

可锻铸铁是由特定化学成分的铁液浇注成白口坯件，再经退火而形成的铸铁，有较高的强度、塑性和冲击韧度，可以部分代替碳钢。

1）可锻铸铁的化学成分

可锻铸铁的成分大致为：w_C=2.4%～2.8%，w_{Si}=1.2%～2.0%，w_{Mn}=0.4%～1.2%，w_s≤0.1%，w_P≤0.2%。此类铸铁是将亚共晶成分的白口铸铁进行石墨化退火，使其中的 Fe_3C 在高温下分解形成团絮状石墨而获得。根据石墨化退火工艺的不同，可以分为铁素体基体及珠光体基体两类可锻铸铁。

2）可锻铸铁的组织与性能

可锻铸铁中的石墨呈团絮状，对基体的割裂作用弱，其强度、塑性及韧性均比灰铸铁高，尤其是珠光体可锻铸铁可与铸钢媲美，但是不能锻造（可锻铸铁的命名源于历史和翻译等原因，实质上不可以锻造加工）。可锻铸铁常用于铸造承受冲击载荷的复杂形状薄壁零件，如汽车拖拉机前后轮壳、差速器壳和转向节壳等。但由于生产周期长、工艺复杂、成本高，可锻铸铁零件已逐渐被球墨铸铁代替。

3）球墨铸铁的牌号与应用

常用可锻铸铁的相关参数见表 3-9。牌号中的"KT"为"可铁"汉语拼音首字母，"KTH"表示黑心可锻铸铁，"KTZ"表示珠光体可锻铸铁，后面的两组数字分别表示最低抗拉强度和最低延伸率。

表 3-9　常用可锻铸铁的相关参数（GB/T 9440—2010）

种类	牌号	试样直径 /mm	力学性能				应用
			R_m/MPa	$R_{p0.2}$/MPa	A（%）	HBW	
黑心可铸铁	KTH275-05	12 或 15	275	—	5	≤150	汽车零件，如后桥壳、轮壳、转向机构和弹簧钢板支座等。机床附件，如钩形扳手、螺纹扳手等；各种管接头、低压阀门和农具等
	KTH300-06		300		6		
	KTH330-08		330		8		
	KTH350-10		350	200	10		
	KTH370-12		370	—	12		
珠光体可锻铸铁	KTZ450-06		450	270	6	150～200	曲轴、凸轮轴、连杆、齿轮、活塞环、轴套、耙片、万向接头、棘轮、扳手和传动链条等
	KTZ500-05		500	300	5	165～215	
	KTZ550-04		550	340	4	180～230	
	KTZ600-03		600	390	3	195～245	
	KTZ650-02		650	430	2	210～260	
	KTZ700-02		700	530	2	240～290	
	KTZ800-01		800	600	1	270～320	

4.蠕墨铸铁

蠕墨铸铁是指一定成分的铁水在浇注前，经蠕化处理和孕育处理，获得有蠕虫状石墨组织的铸铁。蠕化处理是一种使石墨呈蠕虫状结晶的蠕化工艺，常用蠕化剂主要有稀土镁钛合金、稀土硅铁合金和稀土钙硅铁合金等。孕育处理能减少蠕墨铸铁的白口倾向、延缓蠕化衰退并提供足够石墨结晶核心，使石墨细小并均匀分布。常用孕育剂有硅铁等。

1）蠕墨铸铁的成分、组织和性能

蠕墨铸铁的成分大致是 $w_C=3.5\%\sim3.9\%$，$w_{Si}=2.2\%\sim2.8\%$，$w_{Mn}=0.4\%\sim0.8\%$，w_S、$w_P<0.1\%$。为了使石墨呈蠕虫状，浇注前向高于 1 400 ℃ 的铁水中加入稀土硅钙合金（ $w_{RE}=10\%\sim15\%$，$w_{Si}\approx50\%$，$w_{Ca}=15\%\sim20\%$）进行蠕化处理，处理后加入少量孕育剂（硅铁或硅钙铁合金）以促进石墨化。蠕化剂中含有球化元素 Mg、稀土等，因此在大多数情况下，蠕虫状石墨与球状石墨共存。

蠕铁的石墨短而厚，端部较圆，形同蠕虫。在电子显微镜下观察蠕虫状石墨的三维形态可知，石墨的端部具有螺旋生长的明显特征，类似于球状的表面形态。但在石墨的枝干部分则又具有叠层状结构，类似于片状石墨。它的紧密程度也介于片状和球状之间。蠕虫状石墨与片状石墨相比，长宽比值明显减小，尖端变圆变钝，对基体的切割作用减轻，应力集中弱化。蠕墨铸铁的抗拉强度、塑性、疲劳强度等均优于灰铸铁，接近铁素体基体的球墨铸铁。此外，这类铸铁的导热性、铸造性、可切削加工性均优于球墨铸铁，而与灰铸铁相近。

蠕墨铸铁用于制造在热循环载荷条件下工作的零件，如钢锭模、玻璃模具、柴油机气缸、气缸盖、排气刹车等高强度复杂结构铸件等。

2）蠕墨铸铁的牌号和用途

蠕墨铸铁的牌号由"RuT+数字"组成。其中"RuT"是"蠕铁"两字汉语拼音的首字母，数字表示最低抗拉强度值（MPa），见表 3-10。

表 3-10 常用蠕墨铸铁的相关参数（GB/T 26655—2011）

牌号	主要基体组织	力学性能				应用
		R_m/MPa	$R_{p0.2}$/MPa	A/%	HBW	
RuT300	F	300	210	2	140～210	排气管；船舰和机车的内燃机缸盖；增压器壳体；纺织机、农机零件
RuT350	F+P	350	245	1.5	160～220	机床底座；托架和联轴器；重型船、内燃机缸盖；钢锭模、铝锭模；焦化炉炉门、保护板、桥管阀体和装煤孔盖板；变速箱体；液压件
RuT400	P+F	400	280	1.0	180～240	内燃机缸体、缸盖；机床底座；托架和联轴器；载重卡车制动鼓、机车车辆制动盘；泵壳和液压件；钢锭模、铝锭模、玻璃模具
RuT450	P	450	315	1.0	200～250	汽车内燃机缸体和缸盖；气缸套；载重卡车制动盘；泵壳和液压件；玻璃模具；活塞环
RuT500	P	500	350	0.5	220～260	高负荷内燃机缸体；气缸套

铸铁中加入一定数量的合金元素或经过某种处理后，产生一些特殊性能（如耐磨性、耐热性和耐蚀性等），称此类铸铁为特殊性能铸铁。

1. 耐磨铸铁

1）耐磨灰铸铁

在铸铁中加入 Cr、Mo、Cu 等少量合金元素，提高灰铸铁的耐磨性，用于机床导轨、汽车发动机缸套和活塞环等耐磨零件。

2）冷硬铸铁

在灰铸铁表面通过激冷处理形成一道白口层，表层获得高硬度和高耐磨性。常用于扎辊、凸轮轴等零件。

微课
特殊性能铸铁

2. 耐热铸铁

在铸铁中加入 Al、Si、Cr 等合金元素，提高铸铁耐热性。炉底、换热器、坩埚和热处理炉内的运输链条等零件多使用耐热铸铁。

3. 耐蚀铸铁

在铸铁中加入 Al、Si、Cr 等合金元素，使材料表面形成一层连续致密的保护膜，提高铸铁的抗蚀能力。用于在腐蚀介质中工作的零件，如化工设备管道、阀门、泵体、反应釜和盛储器等。

3.3　非铁金属

3.3.1　非铁金属材料

通常把铁及其合金称为黑色金属，除黑色金属以外的其他金属称为非铁金属。非铁金属的种类很多，由于冶炼较为困难，成本较高，因此其产量和使用量远不如黑色金属多。但是，非铁金属具有某些特殊的物理、化学性能，如镁、铝合金密度小；铜、银合金导电性强；钨、钼、铌合金耐高温性好等。这些特性使它们成为现代工业中不可缺少的重要机械工程材料，广泛应用于机械制造、航空、航海、化工等行业。常用的非铁金属包含铝及铝合金、铜及铜合金、滑动轴承合金、硬质合金等。

3.3.2　铝及铝合金

在非铁金属中，铝及铝合金是应用最广泛的金属材料，其独特的性能，使之成为现代工业中极其重要的结构材料。

1. 工业纯铝

纯铝是银白色的轻金属，密度小（$2.7 \times 10^3 \mathrm{kg/m^3}$）、熔点低（660℃），有良好的导电和导热性（仅次于银、铜）。铝在空气中极易氧化，生成一层致密的 Al_2O_3 薄膜，能有效地阻止铝的进一步氧化，从而使铝在空气中具有良好的抗腐蚀能力。纯铝的塑性好（$A=50\%$，$Z=80\%$），强度、硬度低（$R_m=50\mathrm{MPa}$、硬度为 25～30HBW），可以进行冷热压力加工。热处理并不能使纯铝强化，冷变形是提高强度的常用手段。冷变形加工硬化后，强度提高至 150～200MPa，但塑性会降低。工业纯铝中 w_{Al} 为 99.7%～99.8%，杂质主要是铁和硅，工业纯铝的牌号是按其杂质含量来编制的。国家标准《变形铝及铝合金化学成分》（GB/T 3190—2008）规定工业纯铝的代号为 1070A，1060，1050A 等，对应牌号为 L1，L2，L3，数字越大，杂质含量越高，纯度越低。工业纯铝的主要用途是制作电线电缆及耐腐蚀且强度要求不高的用具器皿等。

2. 常用铝合金

1）变形铝合金

常用变形铝合金的相关参数见表 3-11。变形铝合金按其主要性能特点可分为防锈铝、硬铝、超硬铝与锻铝等。通常由冶金厂加工成各种规格的型材（板、带、线、管等）产品供应。变形铝合金牌号用 2×××～8××× 系列表示。第一位数字表示组别，按铜、锰、硅、镁、镁硅、锌和其他元素的顺序来确定合金组别；第二位字母表示原始合金的改型情况，字母如果是 A，表示为原始合金，如果是 B～Y 的其他字母，则表示原始合金的改型合金；最后两位数字没有特殊意义，仅用来区分同一组别中不同的铝合金。

表 3-11 常用变形铝合金的相关参数

新牌号	旧牌号	化学成分（质量分数）/%					直径及板厚/mm	供应状态	试样状态	力学性能	
		Cu	Mg	Mn	Zn	其他				R_m/MPa	A/%
5A05	LF5	0.10	4.8～5.5	0.30～0.60	0.20	—	≤200	B、R	B、R	265	15
3A21	LF21	0.20	—	1.0～1.6	—	—	所有	B、R	B、R	<167	20
2A01	LY1	2.2～3.0	0.20～0.50	0.20	0.10	Ti0.15	—	—	BM、B、CZ	—	—
2A11	LY11	3.8～4.8	0.40～0.80	0.40～0.80	0.30	Ti0.15	>2.5～4.0	Y	M、CZ	<235 373	12 15
2A12	LY12	3.8～4.9	1.2～1.8	0.30～0.90	0.30	Ti0.15	>2.5～4.0	Y	M、CZ	<216 456	14 8
7A04	LC4	1.4～2.0	1.8～2.8	0.20～0.60	5.0～7.0	Cr010	0.50～4.0	Y	M	245	10
							>0.25～4.0	Y	CS	490	7
							20～100	B、R	B、CS	549	6
2A12	LD2	0.20～0.6	0.45～0.90	Cr0.15～0.35	—	Si0.5～1.2 Ti0.15	20～150	R、B、CZ	B、CS	304	8
2A50	LD5	1.8～2.6	0.40～0.8	0.40～0.80	0.30	Si0.7～1.2 Ti0.15	20～150	R、B、CZ	B、CS	382	10

防锈铝合金。防锈铝合金属于铝－锰系或铝－镁系合金，编号分别采用 3×××、5××× 表示，如 3A21、5A05。由于含有锰和镁，此类铝合金具有显著的耐腐蚀性能、适中的强度、优良的塑性和焊接性，适宜制作轻载耐蚀制品与结构件，如油箱、容器、防锈蒙皮、管道、窗框、灯具等。

硬铝合金。铝－铜－镁合金系属于硬铝合金，编号采用 2×××，如 2A11、2A12 等。

此类铝合金经淬火时效后，能够保持足够的塑性，同时有较高的强度和硬度，其比强度与高强度钢相近，故名硬铝。但耐蚀性差，在海水中表现尤为明显。为提高耐蚀性，往往需要表面喷涂或包覆纯铝处理。硬铝广泛应用于飞机、火箭零部件等制造中。

超硬铝合金。铝－铜－镁－锌合金系属于超硬铝合金，编号采用 7×××，如 7A09、7003。此类合金时效强化效果最好，强度最高，其比强度已相当于超高强度钢，故名超硬铝。但塑性、耐蚀性很差，在表面包覆纯铝或表面喷涂处理，可以提高耐蚀性。常用于制造飞机的机翼大梁、桁架以及起落架等高温重载构件。

锻造铝合金。铝－铜－镁－硅合金系属于锻造铝合金，牌号采用 2×××，如 2A50、2A70。以热塑性好及耐蚀性高为主要特点，适合锻造。力学性能与硬铝相近，主要用于飞机和仪表工业中形状复杂且比强度要求较高的零件。

2）铸造铝合金

铸造铝合金中有一定数量的共晶成分，具有良好的铸造性，但塑性差，采用变质处理和热处理能提高其力学性能。铸造铝合金可分为 Al–Si 系、Al–Cu 系、Al–Mg 系和 Al–Zn 系四大类，其相关参数见表 3–12。铸造铝合金代号用 ZL（铸铝）及三位数字表示。第一位数字表示合金类别（1 表示铝－硅系，2 表示铝－铜系，3 表示铝－镁系，4 表示铝－锌系等）；后两位数字为顺序号，顺序号不同，化学成分不同。

表 3–12　常用铸造铝合金的相关参数

类别	合金代号（牌号）	化学成分（质量分数）/%[①]						力学性能（≥）		
		Si	Cu	Mg	Mn	Zn	Ti	R_m/MPa	A (%)	HBW
铝硅合金	ZL101 (ZAlSi7Mg)	6.5～7.5	—	0.25～0.45	—	—	0.08～0.20	202	2	60
								192	2	60
	ZL102 (ZAlSi12)	10.0～13.0						153	2	50
								143	4	50
								133	4	50
	ZL105 (ZAlSi5Cu1Mg)	4.5～5.5	1.0～1.5	0.4～0.6				231	0.5	70
								212	1.0	70
								222		70
	ZL108 (ZAlSi12Cu2Mg)	11.0～3.0	1.0～2.0	0.4～1.0	0.3～0.9			192	—	85
								251	—	90
铝铜合金	ZL201 (ZAlCu5Mn)	—	4.5～5.3	—	0.6～1.0	—	0.15～0.35	290	8	70
								330	4	90
	ZL202 (ZAlCulO)	—	9.0～11.0	—				104	—	50
								163		100
铝镁合金	ZL301 (ZAlMglO)	—	—	9.5～11.5				280	9	60
铝锌合金	ZL401 (ZAlZnllSi7)	6.0～8.0	—	0.1～0.3	—	9.0～3.0	—	241	1.5	90
								192	2	80

①余量均为 Al。

Al-Si 系合金。Al-Si 系铸造铝合金又称硅铝明，是铸造铝合金中应用最广泛的一类。其中 ZL102 为 Al-Si 二元合金，称为简单硅铝明，其余为 Al-Si 系多元合金，称为复杂硅铝明。Al-Si 系铸造铝合金铸造性好，密度低，具有优良的耐蚀性、耐热性和焊接性。简单硅铝明强度较低，不能热处理强化，生产中采用变质处理来细化组织，改善性能。常用于制造形状复杂但强度要求不高的铸件，如飞机仪器零件以及抽水机壳体等。复杂硅铝明可通过热处理来强化，常用代号有 ZL101、ZL104、ZL105、ZL108 等，用于制造低中强度的复杂形状铸件，如电动机壳体、风机叶片、发动机活塞等。

Al-Cu 系铸造铝合金。Al-Cu 系铸造铝合金有较高的强度、耐热性，但铸造性不佳，有热裂和疏松倾向，耐蚀性差。常用牌号有 ZL201、ZL202 等，主要用于制造较高温度下工作的高强度零部件，如支臂、挂架梁、内燃机汽缸头、活塞等。

Al-Mg 系铸造铝合金。Al-Mg 系铸造铝合金耐蚀性好、强度高、密度小，但其铸造性差，耐热性低，熔铸工艺复杂，时效强化效果弱。常用牌号有 ZL301、ZL302 等，适宜制造腐蚀介质中工作承受冲击载荷的简单形状零件，如舰船配件、化工泵体等。

Al-Zn 系铸造铝合金。Al-Zn 系铸造铝合金是铸态下强度较高的铝合金，铸造性良好，能在铸态下实现自然时效。价格便宜，但耐蚀性极，热裂倾向明显，潜在腐蚀断裂危险。常用牌号有 ZL401、ZL402，制作汽车、飞机和仪表等设备的轻载复杂形状零部件。

3.3.3 铜及铜合金

1. 工业纯铜

工业纯铜简称为纯铜，其外表呈玫瑰红色，表面氧化膜呈紫色，又称紫铜。纯铜熔点为 1 083℃，密度为 8.9g/cm^3，面心立方晶格，无同素异晶转变，无磁性。纯铜的导电性、导热性和耐腐蚀性（抗大气和海水腐蚀）较高，在 CO_2 湿空气中，表面易生成碱性碳酸盐类的绿色薄膜 $[CuCO_3 \cdot Cu(OH)_2]$，俗称铜绿。纯铜的抗拉强度不高（R_m=200~400MPa），硬度很低，但塑性很好（A=45%~50%），冷热压力加工均可。纯铜经冷塑性变形后，强度提高，塑性下降。按化学成分分为纯铜和无氧铜两类。纯铜中常含有铅、铋、氧、硫和磷等杂质元素，对铜的力学性能和工艺性能有很大的影响，尤其是铅和铋的危害最大。纯铜强度低，不宜作为结构材料使用，但能制造电线电缆和铜管等。纯铜牌号用"字母 + 数字"组成，如 T1、T2 表示纯铜，Tu1、Tu2 表示无氧铜，数字越大表示杂质含量越高。

2. 常用铜合金

铜合金在工业领域获得广泛使用。按照合金成分，铜合金分为黄铜、白铜和青铜三类。常用的铜合金是黄铜和青铜。

1）黄铜

黄铜是以锌为主要加入元素的铜合金，呈黄金色，故称为黄铜。铜与锌组成的二元合金，称为普通黄铜；在铜锌合金中加入其他合金元素时，则称为特殊黄铜。常用黄铜的相关参数见表 3-13。

表 3-13　常用黄铜的相关参数

类别	牌号	加工状态或铸造方法	R_m/MPa	A (%)	HV	应用
				(≥)		
普通黄铜	H70	M	290	40	≤90	弹壳、热变换器、造纸用管、机械及电器零件等
		Y1	325～410	35	85～115	
	H68	Y2	355～440	25	100～130	复杂冲压件和深冲件、散热器外壳、弹壳、导管、波纹管、轴套等
		Y	410～540	10	120～160	
		T	520～620	3	150～190	
		TY	570	—	180	
	H62	M	290	35	≤95	销钉、铆钉、螺钉、螺母、垫圈、弹簧、夹线板、散热器等
		Y2	350～470	20	90～130	
		Y	410～630	10	125～165	
		T	585	2.5	155	
	H59	M	290	10	—	机械、电器零件、焊接件及热冲压件
		Y	410	5	130	
	ZCuZn38	S	295	30	59HBW	结构件和耐蚀件，如端盖、阀座、支架、手柄、螺母等
		J	295	30	68.5HBW	
特殊黄铜	HMn58-2	M	380	30	—	轮机制造业和弱电零件等
		Y2	440～610	25	175	
		Y	585	3	175	
	HPb59-1	M	340	25	—	热冲压或切削加工件，如定位销、螺钉、螺母、轴套等
		Y2	390～490	12	140HRB	
		Y	440	5	140HRB	
	HA160-1-1	R	440	15	155	耐蚀结构件，如齿轮、轴、套等
	HSn62-1	M	295	35	—	与海水和汽油接触的船舶零件等
		Y2	350～400	15	95HRB	
		Y	390	5	95HRB	
	ZCuZn16Si4	S	345	15	88.5HBW	在空气、淡水、油、燃料环境中，温度低于250℃的零件等
		J	390	20	98.0HBW	
	ZCuZn40Pb2	S	220	15	78.5HBW	一般用途的耐磨、耐蚀零件，如轴套、齿轮等
		J	280	20	88.5HBW	
	ZCuZn40Mn2	S	345	20	78.5HBW	在空气、淡水、海水、温度低于300℃的蒸汽中工作的零件、阀体、管接头、泵等
		J	390	25	88.5HBW	
	ZCuZn40Mn3Fe1	S	440	18	98.0HBW	轮廓不复杂的重要零件，海轮上在300℃以下工作的管配件、螺旋桨等
		J	490	15	108.0HBW	

注：M—退火、Y—硬、Y1—3/4硬、Y2—1/2硬、T—特硬，TY—弹硬。

　　普通黄铜。压力加工普通黄铜的牌号用"H"（"黄"汉语拼音首字母）加上数字（铜平均质量分数的百分数）表示，H70、H68 强度较高，冷热变形能力优良，适用于冲压制造形状复杂的耐蚀零件；H62、H59 强度高，有耐蚀性，不宜冷变形加工，广泛应用于热轧和热压零件。

特殊黄铜。在普通黄铜中加入其他合金元素即形成特殊黄铜，可依据加入的第二合金元素来命名，如铝黄铜、铅黄铜、锰黄铜等。特殊黄铜由于加入了合金元素，在不同程度上提高了其强度。锡、铝、锰、镍提高了耐蚀性和耐磨性，硅改善了铸造性，铅改善了切削加工性等。特殊黄铜常用来制造螺旋桨、压紧螺母等重要的船舰零件及耐磨零件。

2）青铜

黄铜和白铜（铜镍合金）以外的铜合金，统称为青铜。以锡为主要加入元素的青铜，称为普通青铜（或锡青铜）。锡青铜以外的青铜，称为特殊青铜（或无锡青铜）。根据加入的元素命名无锡青铜的名称，如铝青铜、铅青铜、锰青铜等。按生产方式不同，青铜可分为压力加工青铜和铸造青铜两类。常见青铜的相关参数见表3-14。

表3-14 常见青铜的相关参数

类别	牌号	加工状态或铸造方法	R_m/MPa	A/%	HV	应用
				(≥)		
普通青铜	QSn4-3	M	290	40	—	弹性元件、管配件、化工机械中的耐磨零件及抗磁零件等
		Y	540~690	3		
		T	635	2		
	QSn6.5-0.1	M	295	40	—	弹簧、接触片、振动片、精密仪器中的耐磨零件等
		Y	540~690	8		
		T	665	2		
	ZCuSn10Pb1	砂型	220	3	80	重要的减摩零件，如轴承、轴套、涡轮、摩擦轮、机床丝杠螺母等
		金属型	310	2	90	
特殊青铜	QA117	软	420	70	70	重要用途的弹簧和弹性元件
		硬	635	5	154	
	QBe2	软	400	30	100	重要的弹簧与弹性元件，耐磨零件及在高速、高压和高温下工作的轴承
		硬	830	2	330	
	ZCuPb30	金属型	60	4	25	柴油机曲轴及连杆的轴承、减摩件等

普通青铜（锡青铜）。压力加工锡青铜的 w_{Sn}≤8%，适宜于冷热加工，用于制造精密仪器中的耐蚀耐磨零件、弹性元器件、抗磁零件以及机器轴承轴套等。铸造锡青铜因其锡、磷的含量高于压力加工锡青铜，而具有良好的铸造性、耐磨性、减摩性、抗磁性及低温韧性，适合制造滑动轴承、涡轮、齿轮等零件以及耐蚀蒸汽管附件等。

无锡青铜。无锡青铜种类很多，主要有铝青铜和铍青铜。铝青铜是以铝为主加元素的铜合金。铝青铜与锡青铜、黄铜相比，有较高的强度与更好的耐蚀性和耐磨性，此外还具有耐寒、冲击时无火花等特性。铝青铜的结晶温度范围小，有很好的流动性，易于获得组织致密的铸件，还可以通过热处理进行强化。在铝青铜中加入铁、锰、镍等元素，进一步提高其力学性能。铝青铜价格低廉，性能优良，可以作为价格昂贵的锡青铜的替代品，常用于制造强度、耐蚀性和耐磨性要求都较高的齿轮、轴套及船舰零件。铍青铜是以铍为主加元素的铜合金。铍青铜的时效强化效果极好，经淬火、冷压成形并时效处理后，可以获得很高的强度、硬度与很好的弹性和耐磨性，而且耐蚀性、导电性、低温性也很好，此外还具有抗磁性、冲击无火花等特点。铍青铜主要用于制造精密仪器、仪表中的重要弹性元件、耐蚀性和耐磨性零件以及防爆工具、航海罗盘等。

3.3.4　钛及钛合金

钛和钛合金具有质量轻、比强度高、耐蚀性和耐热性良好的特点。热强钛合金工作温度可达 400℃～500℃，在航空航天、机械工程、化工冶金等领域获得应用。钛在高温中异常活泼，熔点高，熔炼浇注工艺复杂且价格昂贵。

1）纯钛

纯钛是灰白色轻金属，密度为 4.54g/cm^3，熔点为 1 668℃，固态下有同素异晶转变，在 882.5℃以下为 α–Ti（密排六方晶格），882.5℃以上为 β–Ti（体心立方晶格）。纯钛塑性大，强度低，适宜于冷压力加工。

2）钛合金

钛合金可分为三类：α 钛合金、β 钛合金和 α+β 钛合金。钛合金牌号是以 TA、TB、TC 后面附加顺序号表示，常用的钛合金相关参数，见表 3–15。

表 3–15　常用的钛合金相关参数

类型	合金牌号	化学成分	状态	室温化学性能（>）			高温化学性能		
				σ_b/MPa	A/%	Z/%	试验温度/℃	瞬时强度/MPa	持久强度/MPa
α 钛合金	TA4	Ti–3Al	退火	450	25	50	—	—	—
	TA5	Ti–4Al–0.005B		700	15	40	—	—	—
	TA6	T1–5A1		700	10	27	350	430	400
	TA7	Ti–5Al–2.5Sn		800	10	27	350	500	450
	TA8	Ti–5Al–2.5Sn–3Cu–1.5Zr		1 000	10	25	500	700	500
β 钛合金	TB1	Ti–3Al–8Mo–11Cr	淬火时效	1 300	5	—	—	—	—
	TB2	Ti–5Mo–5V–3Cr–3Al		1 400	7	10	—	—	—
α+β 钛合金	TC1	Ti–2Al–1.5Mn	退火	600	15	30	350	350	350
	TC2	Ti–3Al–1.5Mn		700	12	30	350	430	400
	TC4	Ti–6Al–4V		950	10	30	400	530	580
	TC6	Ti–6Al–1.5Cr–2.5Mo–0.5Fe–0.3Si		950	10	23	450	600	550
	TC9	Ti–6.5Al–3.5Mo–2.5Sn–0.3Si		1 140	9	25	500	850	620
	TC10	Ti–6Al–6V–2Sn–0.5Cu–0.5Fe		1 150	12	30	400	850	800

1. α 钛合金

α 钛合金的组织全部为 α 固溶体，组织稳定，焊接性、抗氧化性和抗蠕变性都好。室温强度低于 β 钛合金和 α+β 钛合金，但高温（500℃～600℃）强度比后两种钛合金高。α 钛合金通过固溶强化来提高其强度。

TA7 是常用的 α 钛合金，有较高的室温强度、高温强度和优良的抗氧化性及耐蚀性，并具有很好的低温性能，适宜制作工作温度不超过 500℃的零件。如导弹的燃料罐、超音速飞机的涡轮机匣等。

2. β 钛合金

β 钛合金有较高的强度，优良的冲压性，但耐热性差，抗氧化性能低。温度超过 700℃时，很容易受大气中的杂质元素污染。生产工艺复杂，性能不太稳定。β 钛合金可进行热处理强化，一般可用于淬火和时效强化。

TB1 是应用最广泛的 β 钛合金，淬火后容易得到较稳定的单相 β 组织，有良好的冷成形性能。使用温度在 350℃以下，多用于制造飞机结构件和紧固件。

3. α+β 钛合金

α+β 钛合金室温组织为 α+β，兼有 α 钛合金和 β 钛合金的优点。强度高，塑性大，耐热性高，耐蚀性和冷热加工性及低温性能都良好。通过淬火和时效进行强化，是钛合金中应用最广的合金。

TC4 是用途最广的合金，退火状态下，有较高的强度和良好的塑性（R_m=950MPa，A=10%），经淬火和时效处理后，强度可提高至 1 190MPa。抗蠕变能力强、低温韧性及耐蚀性良好，常用于制造中低温工作的零件，如飞机发动机压气机盘和叶片、压力容器等。

复习思考题

1. 为下列机械零件或用品选择合适的钢种及牌号：

地脚螺栓、仪表箱壳、木工锯条、机床主轴、汽车发动机连杆、汽车板簧、麻花钻头、手术刀、大型冷冲模、油气储罐。

2. 什么叫渗碳钢？为什么一般渗碳用钢含碳量较低？合金渗碳钢常含有哪些元素？它们对渗碳钢的组织、性能有何影响？以 20CrMnTi 钢为例说明合金元素的作用。

3. 优质碳素结构钢包括哪几种？常用优质碳素结构钢的性质、热处理及应用范围有哪些？

4. 铸铁有哪些性能特点？根据石墨的存在形式不同，可分为几类？

5. 常用的硬质合金分为几种？它们各有何主要作用？

第4章　工程用非金属材料

知识目标

（1）掌握：高分子材料、陶瓷材料、复合材料和先进材料的种类和性能。

（2）理解：各类非金属材料的用途的和使用特点。

能力目标

能根据具体情况选择合适的非金属材料。

学习导航

非金属材料是由非金属元素或化合物构成的材料。随着材料工业的发展，天然矿石、植物和石油等可以作为原料，制造与合成新型非金属材料，如水泥、人造石墨、特种陶瓷、合成橡胶、合成树脂（塑料）、合成纤维等，获得金属材料所不具备的一些特殊性能。此外，非金属材料来源广泛，自然资源丰富，成型工艺简便，在机械工程等领域中，得到迅速发展，在某些领域成为不可替代的材料。

4.1　高分子材料

高分子材料是以相对分子量特别大的高分子化合物为主要成分的材料，由大量的低分子化合物聚合而成，因此又称为高分子化合物或高聚物。高分子材料来源丰富，成本低廉，加工方便，应用广泛。

4.1.1　高分子材料性能

高分子材料的力学性能表现为高比强度、低硬度、高耐磨性、高弹性和低弹性模量（即弹性变形量大而弹性变形抗力低）。强度较低，平均强度为 40～80MPa，很少超过100MPa，不适宜用于重载工况。高分子材料力学性能受温度、光照和时间的影响严重，室温下有明显的蠕变，持续受载下会出现应力下降的现象，称为应力松弛。高分子材料发生应力松弛是由于分子间相互逐渐流动的结果。

高分子材料表现出优良的电绝缘性、低导热性和高化学稳定性（耐酸碱、耐盐蚀），但耐热性差。材料大分子链发生降解或交联，容易老化。降解是指高分子材料的大分子链发生断链的裂解过程。交联是指分子链间生成化学键，形成网状结构，从而使材料变硬变脆。比如，橡胶的老化就是由于分子与空气中的氧发生了交联，由于交联键的增加，橡胶老化变硬且不易变形。

4.1.2 工程塑料

工程塑料是一类范围大、应用广的高分子合成材料，成分复杂，以各种树脂为基础，加入改善性能的添加剂，在温度和压力下塑压成型或固化交联而形成。

1. 塑料的性能

作为非金属材料为主体的工程塑料应用很广，这与下列性能是分不开的。

按材料单位重量计算的强度较高。塑料的密度一般为 $1\,000\sim1\,500\text{kg/m}^3$，远比钢、铜、铝等金属低。因而，按材料单位重量计算的强度较高，适用于制造有单位功率自重指标要求的运输机械。

对酸碱等介质的抗腐蚀能力强。这种性能使塑料适合于某些化工机械零件和在腐蚀介质中工作的其他零件。

电绝缘性好。塑料与陶瓷一样，都是理想的绝缘材料。

成型工艺性好。大多数工程塑料均可用注塑的方法成型，与同类型的金属零件相比，其生产率高，成本低。

耐磨性和吸振性较高。工程塑料可以在干燥环境工作，适宜于不便润滑场合。另外，工程塑料材料的独有结构，使其具备异物埋设性和就范性，适合于工作时偶有磨粒或杂质进入配合表面的场合。吸振性好，可以降低机械振动，减轻噪声。

工程塑料的缺点主要是强度和硬度不及金属材料高、耐热性和导热性差、膨胀变大易老化等，这些缺点使它的应用也受到一定限制。

2. 塑料的分类

塑料种类繁多，常用的就有六十多种，一般采用下列两种分类方法。

1）按树脂的性质分类

根据树脂在加热和冷却时所表现的性质，可将塑料分为热固性塑料和热塑性塑料。

（1）热固性塑料，大多以缩聚树脂为基础。这种塑料在加热加压条件下会发生化学反应，经过一定时间即固化为坚硬的制品，固化后不溶于任何溶剂，也不会再熔化（温度过高时则发生分解）。酚醛塑料、氨基塑料、环氧树脂和有机硅塑料等均属此类。热固性塑料质地硬脆，能耐冲击，绝缘良好，常用于制作电器绝缘零件，如酚醛胶木电器开关等。

（2）热塑性塑料，主要由聚合树脂制成。此类塑料受热软化，冷却变硬，再受热又可软化、再冷却再变硬，可多次重复，具备可再生性和再加工性。聚乙烯、聚氯乙烯、聚丙烯、聚酰胺（即尼龙）、ABS、聚甲醛、聚碳酸酯、聚苯乙烯等均属此类。常用于制作各种工程用品，例如化工管道、仪表壳体等零部件。

2）塑料分类

按应用范围，塑料分为通用塑料和工程塑料。

通用塑料包括聚乙烯、聚氯乙烯、聚苯乙烯、聚丙烯、酚醛塑料和氨基塑料等，此类塑料产量大、用途广、价格低。产量占塑料总量的 75% 以上，常制成管材、棒材、板料及薄膜等或者塑压成日常生活用品。

工程塑料包括 ABS、尼龙、聚碳酸酯、聚甲醛等。此类塑料的强度大、耐高温、耐腐蚀，有类似金属的性能，广泛用于机械、仪表、电子工业、医疗行业等。通用塑料可以改性，应用范围不断扩大，通用塑料与工程塑料的界限已很难划分。

3. 常用塑料的性能与用途

常用热固性塑料的性能和用途见表 4-1；常用热塑性材料的性能和用途见表 4-2。

表 4-1　常用热固性塑料的性能和用途

名称	性能	用途
酚醛树脂、电木 (PF)	负载能力强，尺寸稳定性高，耐热性好，热导率低。电绝缘性能好，耐弱酸、弱碱及绝大部分有机溶剂	一般机械零件，电绝缘件，耐腐蚀件，低压电器，插头，插座，罩壳，齿轮，滑轮等
脲醛树脂、电玉 (UF)	半透明如玉，电绝缘性和耐电弧性优良；抗压强度高，变形小；硬度高，耐磨性好；耐多种有机溶剂和油脂；阻燃	一般机械零件，绝缘件，装饰件，仪表壳；耐热、耐水食具；电插头，开关，手柄等
环氧树脂 (EP)	良好的黏结能力，有"万能胶"之称；耐化学腐蚀性和力学性能均好；耐热性差	电子元件和线圈的灌封和固定，印制板，塑料模，纤维增强塑料，胶黏剂等
硅树脂 (SI)	耐热性好，电阻和介质强度高，防潮性强，抗辐射，耐臭氧	电气、电子元件和线圈的灌封和固定，印制电路板涂层，耐热件，绝缘件，绝缘清漆，胶黏剂等
聚氨酯 (PUR)	耐磨，韧性好、承载能力高，耐低温、不脆裂、耐氧、臭氧和油，抗辐射，易燃	密封件，传动带，隔热、隔声及防振材料，耐磨材料，齿轮，电气绝缘件，电线电缆护套，实心轮胎等

表 4-2　常用热塑性塑料的性能和用途

名称	性能	用途
苯乙烯-丁二烯-丙烯腈三元共聚体 (ABS)	具有较高机械强度和冲击韧度，尺寸稳定，易成形且易机械加工，表面可镀铬	轻负荷传动件，仪表外壳，汽车工业上的方向盘，加热器等
聚乙烯 (PE)	具有耐酸碱、耐寒性，化学稳定性好，吸水性极小，机械强度不高	化工抗腐蚀管道，民用管道，吹塑薄膜，食品包装等
聚甲醛 (POM)	具有较高机械强度，综合性能好，热稳定性差，易燃，易老化	轴承，齿轮，管接头，化工容器，仪表外壳等
聚酰胺、尼龙 (PA)	具有良好电气性能及力学性能，自润滑性	电子仪器中的零件，轴承，齿轮，泵叶轮，输油管等
氯化聚醚 (CPT)	具有良好的耐酸碱抗蚀能力，易加工，尺寸稳定性好	耐蚀零件，泵阀门，化工管道，精密机械零件等
聚苯乙烯 (PS)	具有一定机械强度，化学稳定性好，耐热性较低，较脆	仪表外壳，汽车灯罩，酸槽，光学仪表零件，透镜等
聚平基丙烯酸平酯、有机玻璃 (PMMA)	具有较高机械强度，化学稳定性好，透光性好，耐热性较低，质地较脆	有一定透明度及强度的零件，光学镜片，透明管道，汽车灯罩等
聚丙烯 (PP)	具有一定机械强度，密度小，耐热性好，低温脆性大，不耐磨	电工、电信材料，一般机械零件或传动件等
聚碳酸酯 (PC)	具有较好的抗冲击性能，弹性模量高，耐蚀耐磨，高温下易开裂	齿轮、齿条、凸轮、轴承、输油管，酸性蓄电池槽等

4.1.3 合成橡胶

橡胶是一种弹性优良的有机高分子材料，轻载即可发生明显变形，去载后即刻恢复原状。橡胶是常用的弹性、密封、传动、防振和减振材料。广泛用于制造轮胎、胶管、软油箱、减振和密封零件等。

1. 橡胶的组成

橡胶制品主要由生胶、配合剂和增强材料三部分组成的。橡胶制品生产基本过程包括：生胶塑炼、胶料混炼、压延、压出和制品硫化。

（1）生胶。生胶是未加配合剂的橡胶，是橡胶制品的主要组分，使用不同的生胶可以制成不同性能的橡胶制品。

（2）配合剂。配合剂的作用是提高橡胶制品的使用性能并改善其加工工艺性能。配合剂种类很多，主要有硫化剂、增塑剂、补强剂、着色剂、发泡剂等。

（3）增强材料。增强材料的主要作用是提高橡胶制品的强度、硬度、耐磨性和刚性等力学性能。主要增强材料有各种纤维织品、帘布及钢丝等，如轮胎中的帘布。

2. 橡胶的性能特点

（1）高弹性能。橡胶的最大特点是高弹性及良好的回弹性能，如天然橡胶的回弹高度可达 70%～80%。弹性模量很低，外力作用下变形量可达数倍，但变形也极易恢复，外力去除后瞬间便能回复到原始形态。

（2）高强度。经硫化处理和炭黑增强后，抗拉强度达 25～35MPa，并有良好的耐磨性。

3. 常用橡胶材料

根据原材料的来源不同，橡胶可分为天然橡胶和合成橡胶。按应用范围，又可分为通用橡胶和特种橡胶。前者主要用来制造轮胎、运输带、胶管、胶板、垫片、密封装置等，后者主要用来制造在高温、低温、辐射环境中和在酸、碱、油等特殊介质下工作的制品。

1）天然橡胶（NR）

收集橡胶树上流出的胶乳加工制成的固态生胶，称为天然橡胶。成分是异戊二烯高分子化合物，有很好的弹性，但强度、硬度低。硫化处理能提高强度并使材料硬化，处理后抗拉强度为 17～29MPa，用炭黑增强后可达 35MPa。天然橡胶是优良的电绝缘体，有较好的耐碱性，但耐油、耐溶剂性和耐臭氧老化性差，不耐高温，使用温度为 70℃～110℃，广泛用来制造轮胎、胶带和胶管等。

2）合成橡胶

合成橡胶可分为通用合成橡胶和特种合成橡胶。常用的通用合成橡胶有丁苯橡胶、顺丁橡胶，常用的特种合成橡胶有丁腈橡胶、硅橡胶等。常用橡胶的性能和用途见表 4-3。

表 4-3　常用橡胶的性能和用途

名称	代号	抗拉强度 /MPa	伸长率 (%)	使用温度 /℃	特性	用途
天然橡胶	NR	25～30	650～900	−50～120	高强，绝缘，防振	通用制品，轮胎等
丁苯橡胶	SBR	15～20	500～800	−50～140	耐磨	通用制品、胶板、胶布、轮胎等
顺丁橡胶	BR	18～25	450～800	120	耐磨，耐寒	轮胎、运输带等
氯丁橡胶	CR	25～27	800～1 000	−35～130	耐酸、碱，阻燃	管道、电缆、轮胎等
丁腈橡胶	NBR	15～30	300～800	−35～175	耐油、水，气密	油管、耐油垫圈等
乙丙橡胶	EPDM	10～25	400～800	150	耐水，气密	汽车零件、绝缘体等
聚氨酯橡胶	VR	20～35	300～800	80	高强耐磨	胶辊、耐磨件等
硅橡胶	SiR	4～10	50～500	−70～275	耐热绝缘	耐高温零件等
氟橡胶	FPM	20～22	100～500	−50～300	耐油、碱	化工设备密封件等
聚硫橡胶	—	9～15	100～700	80～130	耐油、碱	水龙头、衬垫管子等

（1）丁苯橡胶（SBR）。丁苯橡胶是以丁苯乙烯为单体形成的共聚物，应用广泛且产量巨大。丁苯橡胶的性能主要受苯乙烯含量的影响，随苯乙烯含量增加，橡胶的耐磨性和硬度增大，而弹性降低。丁苯橡胶比天然橡胶质地更均匀，耐磨性、耐热性和耐老化性更优，但加工成形困难，硫化速度慢。丁苯橡胶广泛用来制造轮胎、胶布、胶板等。

（2）顺丁橡胶（BR）。顺丁橡胶是丁二烯的聚合物，其原料易得，发展很快，产量仅次于苯橡胶。顺丁橡胶的特点是有较高的耐磨性，比丁苯橡胶高 26%，可用来制造轮胎、V 带、减振器、橡胶弹簧、电绝缘制品等。

（3）丁腈橡胶（NBR）。丁腈橡胶是丁二烯和丙烯腈的共聚物，丙烯腈的质量分数一般在 15%～50% 之间，过高会失去弹性，过低则不耐油。丁腈橡胶具有良好的耐油性及耐有机溶剂侵蚀性，有时也称为耐油橡胶。此外，还有较好的耐热、耐磨和耐老化性能等，但其耐寒和电绝缘性较差。主要用来制造耐油制品，如输油管、耐油耐热密封、储油箱等。

（4）硅橡胶。硅橡胶有良好的低温弹性和很好的热稳定性。硅橡胶品种很多，目前用量最大的是甲基乙烯基硅橡胶，加工性能好，硫化速度快，能与其他橡胶并用，使用温度为 −70℃～300℃。硅橡胶有良好的耐热性、耐寒性、耐臭氧性及绝缘性，主要用来制造各种耐高低温制品，如管道接头、高温垫圈、衬垫、密封件及高压电缆绝缘层等。

4.1.4　胶黏剂

胶接是一种新型的工程连接方法。胶接处应力分布均匀，整体强度高、重量轻、胶缝绝缘、密封性好、耐腐蚀。目前已部分取代铆接、焊接、螺接等工艺，可以连接难以焊接或无法焊接的金属，还可以用于金属与塑料、橡胶、陶瓷等非金属材料的连接。

胶黏剂是以黏性物质为基础，加入各种添加剂组成的一种混合物。按化学成分可分为有机和无机胶黏剂两类。其中有机胶黏剂又分为天然胶黏剂和合成胶黏剂两种。天然胶黏剂有虫胶、骨胶等；合成胶黏剂有环氧树脂、氯丁橡胶等。胶黏剂按固化形式分为三类：溶剂型，通过挥发或吸收固化；反应型，由不可逆的化学变化引起固化；热熔型，通过加热熔融胶接，随后冷却固化。还可按照被胶接材料等很多种方法进行分类。常用材料适用的部分胶黏剂见表 4-4。

表 4-4 常用材料适用的部分胶黏剂

胶黏剂 \ 材料		钢、铁、铝	热固性塑料	硬聚氯乙烯	聚乙烯、聚丙烯	聚碳酸酯	ABS	橡胶	玻璃、陶瓷	混凝土	木材
无机酯		可	—						优		
聚氨酯		良	良	良	可	良	良	良	可	—	优
环氧树脂	氨类固化	优	优	—	可		良	可	优	良	良
	酸酐固化	优	优			良			优	良	良
环氧-丁腈		优	良	—			可	良	良		
酚醛-缩醛		优	优					可	良		
酚醛-氯丁		可	可					优		可	
氯丁橡胶		可	可	良			可	优	可		良
聚酰压胺		良	良						良		

4.2 陶瓷材料

陶瓷是人类最早应用的材料之一。传统意义上的"陶瓷"是陶器和瓷器的总称，后来发展到泛指整个硅酸盐（玻璃、水泥、耐火材料和陶瓷）和氧化物类陶瓷。现代"陶瓷"被看作除金属材料和有机高分子材料以外的所有固体材料，所以陶瓷也被称为无机非金属材料。材料学领域的陶瓷是指一种用天然硅酸盐（黏土、长石、石英等）或人工合成化合物（氮化物、氧化物、碳化物、硅化物、硼化物、氟化物）为原料，经粉碎、配制、成形和高温烧制而成的无机非金属材料。由于性能优良，不仅可用于制作餐具卫浴等生活用品，而且在工业中也得到广泛应用。在其他材料无法满足性能要求时，陶瓷就成为代选材料。例如，陶瓷制作的内燃机火花塞，可承受瞬间引爆温度达 2 500 ℃，并拥有高绝缘性和耐腐蚀性。一些现代陶瓷已成为国防、宇航等高科技领域中不可缺少的高温结构及功能材料。陶瓷材料、金属材料及高分子材料被称为三大固体材料。

4.2.1 陶瓷材料分类与特点

1. 陶瓷的分类

陶瓷种类繁多，性能各异。按其原料来源不同，可分为普通陶瓷（传统陶瓷）和特种陶瓷（近代陶瓷）。普通陶瓷是以天然的硅酸盐矿物为原料（黏土、长石、石英等），经过原料制坯、压力成形、高温烧结而成的，因此又叫硅酸盐陶瓷。特种陶瓷是采用纯度较高的人工合成化合物（如 Al_2O_3，ZrO_2，SiC，Si_3N_4，BN），经配料、成形与烧结而成的。陶瓷按用途分为日用陶瓷和工业陶瓷。工业陶瓷又分为工程陶瓷和功能陶瓷。陶瓷按化学组成，分为氮化物陶瓷、氧化物陶瓷和碳化物陶瓷等；按性能分为高强度陶瓷、高温陶瓷和耐酸陶瓷等。

2. 陶瓷材料的性能

（1）力学性能。弹性模量和刚度高，抗拉强度低，抗弯强度高，抗压强度更高，高温强度和高温蠕变抗力大。室温下无塑性、韧性极低、质脆，硬度特别高（多在 1 500HV 以上），耐磨性好。

（2）物理性能。高熔点（2 000℃以上），多数热膨胀系数低、导热性差、热稳定性低、绝缘性好，少数有磁性和特殊光学性能。

（3）化学性能。化学稳定性高，抗氧化性好（在 1 000℃高温下不会氧化），对酸、碱、盐有良好的耐蚀性。

4.2.2　常用工程陶瓷材料

1. 普通陶瓷

普通陶瓷具有质地坚硬、不氧化、不导电、耐高温、易加工成形、成本低等优点，缺点是玻璃相较多，强度较低。普通陶瓷历史悠久、产量大、广泛用于制造建筑、餐具、卫浴、化工、纺织、高低压电气等行业的结构件和容器。部分普通陶瓷的原料、特性及用途见表 4-5。

表 4-5　部分普通陶瓷的原料、性能及用途

种类名称	原料	特性	用途
日用陶瓷	黏土、长石、石英、滑石等	具有良好的热稳定性、致密度、机械强度和硬度	生活瓷器
建筑用瓷	黏土、长石、石英等	具有较好的吸水性、耐蚀性、耐酸性、耐碱性、耐磨性等	铺设地面、输水管道装置、卫生间等
电瓷	一般采用黏土、长石、石英等配置	介电强度高，抗拉、抗弯强度较高，耐热、耐冷、急变性能较好	隔电、机械支撑件、瓷质绝缘件
过滤陶瓷	以石英砂、河砂等瘠性原料为骨架，添加结合剂和增孔剂	具有耐蚀、耐高温、强度大、不易老化、寿命长、不污染、易清洗再生及操作方便等优点	用于制作多孔陶瓷器件，气体、液体过滤器等
化工陶瓷	黏土、焦宝石（熟料）滑石、长石等	具有耐酸、耐碱、耐蚀性，不污染介质	石油化工、冶炼、造纸、化纤工业等

2. 特种陶瓷

特种陶瓷包括氧化物陶瓷、氮化硅陶瓷、碳化硅陶瓷、氮化硼陶瓷、金属陶瓷等多种。部分特殊陶瓷的原料、特性及用途见表 4-6。

表 4-6　部分特殊陶瓷的原料、特性及用途

名称	原料	特性	用途
氧化铝陶瓷	以 Al_2O_3 为主要成分，含少量 SiO_2 的陶瓷。按 Al_2O_3 的质量分数可分为 75 瓷、95 瓷、和 99 瓷等	强度比普通陶瓷高 2 倍以上、硬度高、耐磨性好、耐高温性好（在空气中使用温度可达 1 980 ℃）、耐蚀性好、绝缘性好、脆性大、抗热振性差	高温器皿、发动机火花塞、石化体泵密封环、轴承和耐磨零件以及各种模具和切削刀具等
氮化硅陶瓷	热压烧结法是以 Si_3N_4 粉为原料，加入少量添加剂；反应烧结法是以硅粉或硅粉与 Si_3N_4 粉为原料	高温强度和硬度高，摩擦系数低，有自润滑性，是极好的耐磨材料；热膨胀系数小，良好的抗热疲劳和抗热振性；化学稳定性好，除氢氟酸外，耐各种酸碱溶液的腐蚀，能抵抗熔融金属的侵蚀；优良的电绝缘性能	高压烧结氮化硅陶瓷用于制造形状简单、耐磨、耐高温零件和工具，如切削刀具、转子发动机叶片、高温轴承等。反应烧结氮化硅陶瓷用于制造耐高温、耐磨、耐蚀、绝缘、形状复杂且尺寸精度高的零件，如在腐蚀介质下工作的机械密封环、高温轴承、热电偶套管、燃气轮机转子叶片等
碳化硅陶瓷	主要成分 SiC	高温强度高、工作温度可达 1 600～1 700 ℃，良好的导热性、热稳定性、抗蠕变能力、耐磨性、耐蚀性和耐辐射性	火箭尾喷管的喷嘴、浇注金属的喉嘴、热电偶套管、炉管、燃汽轮机叶片、高温轴承、高温热交换器、核燃料包封材料等
氮化硼陶瓷	主要能分 BN，俗称白石墨	良好的耐热性、热稳定性、导热性、高温介电强度，化学稳定性好，能抵抗大部分熔融金属的侵蚀；良好的自润滑性和耐磨性，硬度低，切削加工性能好	熔炼半导体坩埚、冶金高温容器、高温轴承、绝缘零件、热电偶套管和玻璃成型模具等
金属陶瓷	陶瓷材料含有 Al_2O_3、ZrO_2、MgO、TiC、WC、Si_3N_4 等	强度、高温强度、韧性、耐蚀性均高	氧化铝基金属陶瓷主要用于切削工具，也可用于制作耐磨的喷嘴、热拉丝模、抗蚀轴承以及机械密封环等；碳化物基金属陶瓷主要用于制造切削工具，也可用于制造金属成形工具、矿山工具和耐磨零件等

4.3　复合材料

复合材料是指将一种或几种材料均匀地与另一种材料结合而成的多相材料。在其组成相中，一类为基体材料，起到黏结作用；另一类为增强材料，起到提高强度和韧度的作用。复合材料最大的特点是能根据应用要求来设计组分，改善使用性能，克服单一材料的性能不足，充分发挥各组成材料的最佳特性。

4.3.1　复合强化原理

复合材料的复合原理，能反映诸多因素对复合材料性能的影响规律。据此，可以针对研发中的复合材料性能（包括力学、理化等性能），进行设计、预测和评估。复合材料有颗粒增强（或粒子增强）型和纤维增强型，其增强原理简要说明如下。

1. 颗粒增强

颗粒增强复合材料中，主要依靠基体承受载荷。粒子呈高度弥散状态分布在基体中，用以阻碍造成塑性变形的位错运动（基体是金属时）或是分子链运动（基体是高聚物时），起到增强效果。增强效果与颗粒体积分数、分布、粒径及粒子间距等有关。研究表明：粒径在 0.01～0.1μm 范围时，增强效果最好；当粒径大于 0.1μm 时，颗粒周围应力集中，材料的强度降低；当粒径小于 0.01μm 时，颗粒对位错运动的障碍作用有所减轻。

2. 纤维增强

颗粒增强复合材料中承受载荷的主要是增强相纤维。纤维的增强作用取决于纤维与基体的性质、结合强度、纤维体积分数以及纤维在基体中的排列方式。因此，了解纤维增强的效果，必须考虑以下因素。

（1）使纤维尽可能多地承受外加载荷，尽量选择强度和弹性模量比基体高的纤维。弹性模量大，则承载能力强。

（2）构件所受应力的方向要与纤维平行，才能最大地发挥纤维的增强作用。

（3）纤维与基体的结合强度必须适当，从而保证基体中承受的应力能顺利地传递到纤维上去。结合太弱，则纤维作用无法体现；结合太强，则整个构件可能发生脆性断裂。

4.3.2 复合材料分类与特点

1. 复合材料的分类

（1）按基体相的性质分类。

①金属基复合材料。包括铝基复合材料、铜基复合材料、钛基复合材料等。

②非金属基复合材料。包括合成树脂基复合材料、橡胶基复合材料、陶瓷基复合材料等。

（2）按增强相的性质和形态分类。

①纤维增强复合材料。包括玻璃纤维复合材料、碳纤维复合材料、硼纤维复合材料等。

②颗粒增强复合材料。包括金属陶瓷、弥散强化合金等。

③叠层增强复合材料。包括多层复合材料、双层金属复合材料、夹层复合材料等。

（3）按用途分类。

①结构复合材料。制造受力构件所用的材料。

②功能复合材料。除机械性能以外还提供其他物理性能的复合材料，如导电、超导、半导、磁性、压电、阻尼、吸波、透波、摩擦、屏蔽、阻燃、放热、吸声、隔热等功能。

2. 复合材料的性能特点

（1）比强度和比模量高。比强度越高，同样强度下零部件自重越小；比模量越高，模量相同条件下零部件刚度越大。如表 4-7 所示列出了部分金属材料与纤维复合增强材料的性能比较。

表 4-7 部分金属材料与纤维复合增强材料的性能比较

性能 材料	密度 /g·cm⁻³	抗拉强度 /10³MPa	抗拉模量 /10⁵MPa	比强度 /10⁶N·m·kg⁻¹	比模量 /10⁶N·m·kg⁻¹
钢	7.8	1.03	2.1	0.13	27
铝	2.8	0.47	0.75	0.17	27
钛	4.5	0.96	1.14	0.21	25
玻璃钢	2.0	1.06	0.4	0.53	20
高强度碳纤维－环氧树脂	1.45	1.5	1.4	1.03	97
高模量碳纤维－环氧树脂	1.6	1.07	2.4	0.67	150
硼纤维－环氧树脂	2.1	1.38	2.1	0.66	100
有机纤维 PRD－环氧树脂	1.4	1.4	0.8	1.0	57
SiC 纤维－环氧树脂	2.2	1.09	1.02	0.5	46
硼纤维－铝	2.65	1.0	2.0	0.38	75

（2）抗疲劳性能好。复合材料，特别是纤维－树脂复合材料，对应力集中敏感性低，基体和纤维间的界面能阻止疲劳裂纹扩展，有较高的疲劳强度。如图 4-1 所示为三种材料疲劳性能比较。

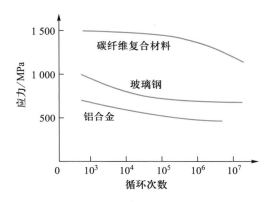

图 4-1
三种材料疲劳性能比较

①抗断裂能力强。纤维增强复合材料中，有大量独立存在的纤维，韧性的基体把纤维结合成整体。少量纤维断裂，载荷就会重新分配，构件不会短时间内发生突然破坏。

②减振性能好。比模量大，自振频率高，可避免构件在常规工况下产生共振及由此引起的早期破坏。另外，复合材料的基体与纤维之间的界面有吸振作用，阻尼特性较好。

③高温性能优良。例如铝合金在 400℃时，弹性模量已降至接近于零，强度也显著降低，用碳纤维或硼纤维增强铝合金后，在同样温度下，强度和弹性模量基本保持不变。

④较优良的耐蚀性、减摩性、电绝缘性和工艺性能。

4.3.3　复合材料应用

制造飞行器的材料，必须有高比强度、高比模量，从而减轻重量，提高飞行速度，增加运载火箭有效负载，保证气动特性等。因此，现代复合材料在航空航天和国防工业中获得广泛的应用。

碳 / 碳（C/C）复合材料中只有一种元素——碳，拥有碳和石墨材料的优点，低密度和优异热性能，如耐烧蚀性、抗热振性、高导热性和低膨胀系数等，同时还具有复合材料的高强度特点。如图 4-2 所示为三维正交碳纤维增强复合材料的结构示意图。

图 4-2
三维正交碳纤维增强复合材料的结构示意图

　　航天领域利用 C/C 复合材料的特性，将其用作航天飞机的鼻锥、机翼前缘等，能耐受近 2 000℃的高温。

　　常用复合材料的名称、性能及用途见表 4-8。

表 4-8　常用复合材料的名称、性能及用途

种类	名称	性能	用途
碳纤维增强复合材料	玻璃纤维增强塑料（玻璃钢）	热塑性玻璃钢与未增强的塑料相比，有更高的强度、韧度和抗蠕变能力，其中以尼龙的增强效果最好，聚碳酸酯、聚乙烯、聚丙烯的增强效果较好	轴承、轴承座、齿轮、仪表盘、电器外壳等
		热固性玻璃钢，强度高、比强度高、耐蚀性好、绝缘性好、成形性好、价格低但弹性模量低、刚度差、耐热性差、易老化和蠕变	主要用作轻结构件，如直升机旋翼、汽车车身、氧气瓶，耐腐蚀结构件，如轻型船体、耐海水腐蚀结构件、耐蚀容器、管道阀门等
	碳纤维增强塑料	保留玻璃钢优点，强度和刚度超过玻璃钢，碳纤维 - 环氧复合材料的强度和刚度接近于高强度钢。此外，还具有耐蚀性、耐热性、减摩性和耐疲劳性	飞机机身、螺旋桨、涡轮叶片、连杆、齿轮、活塞、密封环、轴承、容器、管道等
层叠复合材料	夹层结构复合材料	由两层薄而强的面板、中间夹合轻柔的芯材组成，比重低，刚度好、绝热、隔声、绝缘	飞机天线罩隔板、机翼、火车车厢、运输容器等
	塑料 - 金属多层复合材料	例如 SF 型三层复合材料，表面层是塑料（自润滑材料）、中间层是多孔性的青铜、基体是钢，自润滑性好、耐磨性好、承载能力和热导性比单一塑料高很高、热膨胀系数降低 75%	无润滑条件下的各种轴承
颗粒复合材料	金属陶瓷	陶瓷微粒分散在金属基体中，具有高硬度、高耐磨性、耐高温、耐腐蚀、膨胀系数小	工具材料

4.4　先进功能材料

　　先进功能材料是指具有特殊功能和效用的材料。各行各业，尤其是高科技领域更强烈地依赖于新型功能材料的研制与开发。近十多年来，功能材料成为材料科学与工程领域最活跃的部分，每年以约 5% 的速度增长，相当于每年有 1.25 万种新材料问世。本节简要

介绍高温合金、记忆合金、非晶态材料、超导材料和纳米材料。

4.4.1　高温合金

高温合金又称为热强合金、耐热合金或超合金，能在复杂应力工况下（超高温、氧化、腐蚀等）长期可靠地工作。高温合金主要用来制造航空发动机的耐热部件。大型飞机、航天飞机等航天器，必须具备先进的发动机，才能大幅度提高推重比，加大涡轮进口温度，增加寿命与可靠性。未来的飞机发动机涡轮进口温度可能高达 2 000℃左右，需要能耐更高温，高比强度、高比模量、低密度，耐磨损、耐腐蚀和抗氧化的新材料。高温合金在发动机中，主要用来制造涡轮叶片、导向叶片（铸造合金）、涡轮盘和燃烧室（变形合金）。此外，高温合金也是能源、交通运输和化学工业的重要材料，成为高技术领域不可缺少的新材料。

目前广泛使用的有铁基高温合金、铁镍基高温合金、镍基高温合金和钴基高温合金。用铌基合金制造的高温动力装置可在 1 100℃以上工作。

1）铁基、铁镍基高温合金

铁基高温合金，实际上是以碳化物为沉淀强化相的奥氏体耐热钢。其含镍量较高，以稳定奥氏体，含碳量也较高，加入 W、Mo、V、Nb 等强碳化物生成元素，形成碳化物强化相，同时配以固溶淬火和时效沉淀的热处理工艺。如 GH36（4Cr13Ni18Mn8MoVNb）合金使用温度为 650℃～700℃，常用来制造涡轮和紧固件等。

铁镍基高温合金是以金属化合物为沉淀强化相的高温合金，也称为沉淀强化型奥氏体耐热钢。合金含碳量很低，含镍量很高（$w_{Ni}=25\%～40\%$），同时含有 Al、Ti、V、B 等元素。Al、Ti 能与部分 Ni 形成 $\gamma-Ni_3$（Al，Ti），为主要沉淀强化相；Mo 能形成固溶强化；V 和 B 能强化晶界，提高合金的热强性。铁镍基高温合金还需在固溶处理后进行时效处理。如 GH132（0Cr15Ni26MoTi2AlVB）合金可在 650℃～700℃温区使用。

2）镍基高温合金

镍基高温合金是在 Cr20Ni80 合金中加入 Al、Ti、Nb、Ta、W、Mo、Co 等强化元素，能在 700℃～1 000℃温区使用，以 $\gamma-Ni_3Al$ 为主要沉淀强化相。由于固溶强化、共格沉淀强化、碳化物强化以及晶界控制等联合作用，合金的热强性得到改善。根据加工工艺，镍基高温合金又可分为变形镍基高温合金和铸造镍基高温合金。变形镍基高温合金（如 GH33、GH37）有较高的高温强度和较优的加工工艺性能，主要用来制造喷气发动机的涡轮叶片、导向叶片和涡轮盘等；铸造镍基高温合金（如 K3、M17）通常采用精密铸造，铸态下直接使用，主要用来制造涡轮叶片及形状复杂的异形件。

3）钴基高温合金

钴基高温合金有高的熔点和较高的强度，以碳化物作为主强化相，工作在 700℃～1 050℃温区。加入足够的 Cr 能提高抗氧化和耐热腐蚀性能；加入难熔元素 W、Mo、Nb、Re 起到固溶强化作用，又可形成碳化物钴基高温合金析出；加入 Ti、Ta 等元素可形成金属化合物，在时效过程中弥散析出强化。钴基高温常用的牌号有 GH25、K40 等，主要用做精密铸造材料，制造如喷气发动机的涡轮机叶片等高温零件和结构件。

4.4.2　记忆合金

在特定条件下发生变形，加热会自动恢复至原始形状，具有记忆功能的合金称之为记忆合金。记忆功能是通过热弹性马氏体与母相的相互转化实现的。当合金母相冷却至 M_S 点以下时，马氏体晶核随温度降低而弹性长大，材料产生大变形，直至全部转变为马氏体。温度回升时，马氏体又随温度升高而弹性缩小，变形逐步恢复，称此种马氏体为热弹性马氏体。这种马氏体与一般钢中的淬火马氏体不同，通常它比母相软。热弹性马氏体的相变温度可以通过调整合金成分而变动，使合金能在某一温度范围内呈现最佳的记忆效应。

1）记忆功能分类

记忆合金的形状记忆效应示意图，见表 4-9。

表 4-9　记忆合金的形状记忆效应示意图

类型	母相形状	马氏体相形状	加热后形状	冷却后形状
单程				
双程				
全程				

（1）单程形状记忆。当合金母相转变为马氏体相后，改变初始形状；变形后加热马氏体相，待马氏体相全部转变为母相，合金则恢复到原初始形状（即母相形状）；若再重新冷却，则合金不能恢复到马氏体相时的形状。

（2）双程形状记忆。合金能记住母相合金初始形状，还可记住合金为马氏体相时变形后的形状。合金在反复加热冷却过程中，可反复呈现母相和马氏体相时的形状。比如合金母相时为弯曲形，马氏体相时为直线形，反复加热冷却时，合金形状则时弯时直。

（3）全程形状记忆。合金再冷却时，会在相反方向再现原始形状。

2）记忆合金的分类及特点

目前形状记忆合金主要分为 Ni-Ti 系合金、Cu 系合金和 Fe 系合金等。

（1）Ni-Ti 系形状记忆合金。这是最有实用化前景的一种形状记忆合金。室温抗拉强度可达 1 000MPa 以上，密度较小，为 6.45g/cm^3，疲劳强度高达 480MPa（2.5×10^7 循环周次），而且还有很好的耐蚀性。

（2）Cu 系形状记忆合金。目前，开发出 Cu-Zn-Al 系合金和 Cu-Ni-Al 系合金。它们与 Ni-Ti 系合金相比，制造加工相对容易，价格较低，有较好的记忆性能，相变点可在 −100℃～300℃范围内调节。目前 Cu 系形状记忆合金的开发成熟度不及 Ni-Ti 系形状记忆合金，实用化程度有待提高。

（3）Fe 系形状记忆合金。Fe 系形状记忆合金的研究晚于以上两种记忆合金，主要有 Fe-Pt、Fe-Pd、Fe-Ni-Co-Ti 系合金等。目前已知高锰钢和不锈钢也具有不完全性质的形状记忆效应。在价格上，Fe 系形状记忆合金比 Ni–Ti 系和 Cu 系形状记忆合金低很多，因此具有明显的竞争优势。Fe 系形状记忆合金的研究与应用尚处于初始阶段，有待进一步发展。

3）记忆合金的应用

记忆合金主要用来制作温控元件，如温室门窗自动开关、自动温控阀、过热保护器、火警预报器、机械臂元件、管接头、铆钉等。美国 F14 战机中油压系统的管接头就采用了形状记忆合金。管接头内径比待接管子的外径小约 4%，在 M_s 点温度以下，将管接头孔胀大并插入待接管子，加热后管接头内径恢复到原始尺寸，能和管子紧密的连接成整体，无泄漏。美国用 Ti–Ni 丝焊接成半环状月面天线，然后压缩成小团状，用阿波罗火箭送到月球。天线被阳光晒热后即恢复初始形状，用于通信。记忆合金材料在生物医学方面也有应用，如制造血栓过滤器、脊柱矫形棒、牙齿矫形弓丝、接骨板、人工关节、人造心脏等。

4.4.3　非晶态材料

将液态的无序状态保留到室温，阻止原子进一步迁移转变为晶态相，即得非晶体。非晶体处于热力学亚稳状态，可看作是固化的过冷液态，有时也称之为无定型态或玻璃态。非晶态合金又称为金属玻璃。

1）非晶态合金的类型

按照成分，有使用价值的主要非晶态合金可划分为以下四种类型。

（1）过渡族 – 类金属（TM–M）型，例如以 Fe80B20 为代表的（Fe，Co，Ni）–（B，Si，P，C，Al）非晶合金；

（2）稀土 – 过渡族（RE–TM）型，例如（Gb，Tb，Dy）–（Fe，Co）非晶合金；

（3）后过渡族 – 前过渡族（TT–ET）型，例如以 Fe90Zr10 为代表的（Fe，Co，Ni）–（Zr，Ti）非晶合金；

（4）其他 Al 基和 Mg 基轻金属非晶材料，例如铝基非晶材料有二元的 Al–Ln（Ln–Y，La，Ce）、三元的 Al–TM–（Si，Ge）非晶合金。

2）非晶态合金的特性

非晶态合金结构形态类似于玻璃，杂乱原子排列状态赋予非晶态合金一系列特性。

（1）高强度。一些非晶态合金的抗拉强度可达 3 920MPa，硬度可大于 9 800HV，为相应晶态合金的 5～10 倍。

（2）优良的软磁性。软磁性是非晶态合金最有实用价值的性能。非晶态软磁合金由于磁各向异性弱，电阻率高，又没有晶界和相界等阻碍畴壁移动的不利因素，因而有高的磁导率和饱和磁感应强度、低的矫顽力和磁损耗。

（3）高耐蚀性。非晶态合金显微组织均匀，不存在位错和晶界等缺陷，具备良好的耐蚀能力。非晶态结构合金活性很高，能在表面迅速形成均匀的钝化膜。在中性盐和酸性溶液中，非晶态合金的耐蚀性优于不锈钢，获得了"超不锈钢"之称。

（4）超导电性。目前金属超导体 Nb3Ge，超导零电阻温度 T_c=23.2K。多数超导材料的缺点就是质脆难加工，但与晶体材料相比较，也有有利因素：其一，非晶态合金本身制成带状，韧性强，弯曲半径小；其二，非晶态的成分变化范围大，为寻求新的超导材料，提高超导转变温度提供了很多途径。

4.4.4　超导材料

某些导电材料，冷却到一定温度以下时会出现零电阻，同时其内部失去磁通成为完全抗磁性物质，这种现象称为超导现象或超导电性。有超导电性的材料称为超导材料或超导体。

1）超导材料的特性

（1）零电阻现象。当温度下降至某一数值或以下时，超导体电阻突然变为零的现象，就称为超导。精密测量表明，处于超导状态材料，电阻率比一般金属电阻率低 15 个以上数量级。超导体的零电阻是指直流电阻，理想导电性或完全导电性都是相对直流而言的，超导体的交流电阻并不为零。如图 4-3 所示为汞的电阻在液氦温度附近的变化曲线。

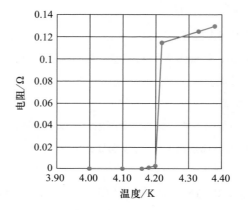

图 4-3
汞的电阻在液氦温度附近的变化曲线

（2）完全抗磁性。完全抗磁性又称为迈斯纳效应，是指超导体进入超导状态时，磁力线全部排出体外，磁感应恒等于零，如图 4-4 所示。超导体无论是在磁场中冷却到某一温度，还是先冷却到某一温度再通以磁场，只要进入超导态都会出现完全抗磁性，与初始条件无关。

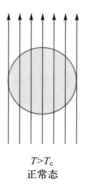

$T>T_c$
正常态

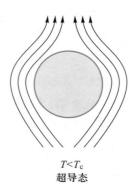

$T<T_c$
超导态

图 4-4
完全抗磁性演示

2）超导材料的分类

按临界转变温度高低的不同，可分为低温超导材料和高温超导材料。

（1）低温超导材料。低温超导材料种类很多，有元素超导材料、合金超导材料、化合物超导材料及有机超导材料等。已经实用化和正在开发的材料有 Pb、Nb、NbTi、Nb₃Sn、V_3Ga、Nb_3Ge、Nb_3Al、$Nb_3(Al_{1-\chi}Ge_\chi)$，NbN 及 $PbMO_6S_8$ 等。

（2）高温超导材料。历经近三十年的努力，四类铜氧化合物高温超导材料已经从基础研究，进入工艺研究和应用开发阶段，分别是 Y-Ba-Cu-O 系、Bi-Sr-Ca-Cu-O 系、Ti-Ba-Ca-Cu-O 系和 Hg-Ba-Ca-Cu-O 系，T_c 达到了 95K～164K。

3）超导材料的应用

（1）强电方面。超导体的超导电性被发现后，首先应用于超导线圈、高速列车磁悬浮线圈以及轮船潜艇的磁流体和电磁推进系统。受控热核聚变反应和凝聚态物理研究的强场磁体离不开超导线圈。核磁共振（NMR）装置也需要高达 1～10T 的均匀磁场。

（2）弱电方面。超导体在弱电方面可以应用于超导量子干涉仪，有高的磁测量灵敏度。应用在计算机，开关时间达到 10^{-13}s 量级，能量损耗在皮瓦级范围。

4.4.5　纳米材料

纳米是尺寸单位（1nm=10^{-9}m），纳米材料是指纳米微粒（粒径为 1～100nm）聚集成的材料（如纤维、薄膜、块体等），或由纳米微粒与常规材料（薄膜、块体）组成的复合材料。

1）纳米材料具有的效应

（1）微尺寸效应。当微粒尺寸为纳米数量级时，声、光、电、磁、热力学等特性均会呈现微尺寸效应，例如磁有序转为磁无序，超导相转为正常相。

（2）表面与界面效应。随纳米微粒尺寸减小，比表面积增大，三维纳米材料中界面占的体积分数增加。例如，粒径 5nm 时，比表面积为 180m²/g，界面体积分数为 50%；粒径为 2nm 时，比表面积为 450m²/g，体积分数为 80%。纳米材料界面不能简单地视作缺陷，它已成为纳米固体的基本组分之一，对其性能有很大影响。

（3）量子尺寸效应。随微粒尺寸减小，能级间距增大，磁、光、声、热、电等特性与宏观特性有明显不同。

2）纳米材料的特性

纳米材料有许多特性，例如常规铅块熔点为 327℃，而 20nm 铅微粒熔点低于 15℃；纳米微粒对光的反射率低，吸收率高，金属纳米微粒几乎全呈黑色；随微粒尺寸减小，发光颜色按红色—绿色—蓝色顺序变化；微粒尺寸达纳米数量级时，金属由良导体变为非导体；纳米金属粒子会在空气中燃烧；纳米材料强度和硬度高，塑性和韧性好，如纳米 SiC 的断裂韧性高于常规同种材料 100 倍。

3）纳米材料的应用

（1）纳米涂料。利用纳米涂料特有的尺寸效应，可使含有纳米颗粒的涂层产生丰富而神秘的颜色。将吸收红外、微波、电磁波的纳米微粒涂敷在飞行器表面，可避开红外探测器和雷达，实现隐身，例如美国 F117 隐形飞机。

（2）防护材料。利用某些纳米材料（如 TiO_2、MgO 等）具有优良的透明度和抗紫外线的性能，制成含有少于 2% 纳米材料的护肤、人造纤维、农用塑料薄膜等产品，显著增强抗紫外线能力。

微课
功能材料

（3）纳米管。管径处于纳米级范围内的管状材料，长度一般为 1mm 甚至几十毫米。碳纳米管管径只有 1.28nm。碳纳米管和石墨纳米纤维是最近研制的新型储氢材料。

（4）精细陶瓷材料。纳米微粒小，比表面积大，含纳米材料的陶瓷制品烧结温度低，质地致密，性能优异。

（5）催化剂。纳米微粒表面积大，表面活性中心多，适宜制作催化剂。例如纳米镍粉作为火箭固体燃料反应催化剂，燃烧效率可提高 100 倍。

目前，纳米材料的生产规模低，成本高，应用领域处于扩大之中。但纳米材料易团聚，易自燃。

复习思考题

1. 塑料可以分为哪几类？分别具有怎样的性能特点？

2. 通用合成橡胶的主要品种有什么？分别有哪些用途？

3. 简述陶瓷材料的性能特点及应用。

4. 什么是复合材料？复合材料的分类有哪些？复合材料的性能特点是什么？

5. 简述纳米材料的定义及其分类。

6. 为什么纳米材料具有特殊性能？纳米材料的特殊效应指的是什么？

第5章 金属材料铸造成型

知识目标

（1）掌握：常用铸造工艺方法的特点和应用。
（2）理解：铸造生产常见的缺陷及主要原因。

能力目标

（1）根据零件的结构选择砂型造型方法。
（2）绘制简单零件的铸造工艺图。

学习导航

铸造是将液态金属浇注到特定形状尺寸的型腔中，待冷却凝固后，获得预期形状毛坯或零件的方法。铸造是生产机械零件毛坯的主要方法之一，实质是液态金属冷却凝固成型。

5.1 铸造成型基础

5.1.1 铸造分类

铸造可分为型砂铸造和特种铸造两大类。

（1）型砂铸造是以型砂为主要造型材料制备铸型的铸造生产工艺方法，有适应性强，设备简单，成本低的特点。如图5-1所示为套筒铸件的生产过程。

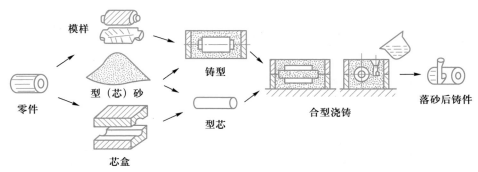

图 5-1
套筒铸件的生产过程

（2）特种铸造是指型砂铸造以外的铸造工艺，主要有金属型铸造、压力铸造、低压铸造、离心铸造、熔模铸造、实型铸造等。特种铸造有铸件质量好、生产率高的特点，但生产成本较高，主要用于大批量生产，是当前铸造的发展方向。

5.1.2　铸造优缺点

铸造的优点：

（1）可以铸出型腔和外形很复杂的毛坯。

（2）工艺灵活。几乎各种合金，各种尺寸、形状、重量和数量的铸件都能生产。

（3）成本较低。原材料来源广泛，价格低廉。

铸造的缺点：

（1）铸造组织疏松、晶粒粗大，内部易产生缩孔、疏松、气穴等缺陷。

（2）铸件的机械性能较低。

（3）铸造工序多，难以精确控制，质量不够稳定。

（4）劳动环境较差，工作强度高。

在一般机械设备中，铸件占整个机械设备质量的 45%～90%。其中汽车铸件质量占汽车质量的 40%～60%，拖拉机铸件重量约占拖拉机重量的 70%，金属切削机床铸件重量占本身质量的 70%～80%。

5.2　型砂铸造方法

型砂铸造是指用型砂紧实成型的铸造方法。通常分为湿型铸造（型砂未经烘干处理）和干型铸造（型砂经烘干处理）两种。型砂铸造一般由制造型砂、制造型芯、烘干（用于干型）、合箱、浇注、落砂及清理、铸件检验等工艺过程组成。

5.2.1　型砂和芯砂

型（芯）砂是制造砂型的主要材料，对铸造工艺及铸件质量有很大影响。

1. 型砂的性能

铸型在铸造过程中承受金属液的冲刷、烘烤、施压等作用，排出大量气体。型芯要承受铸件凝固时的收缩压力。因此，型砂应满足如下性能要求。

（1）可塑性。型砂在外力作用下可塑造成型，外力消除后仍能保持外力作用下的形状，称为可塑性。可塑性好的型砂易于成型，易获得型腔清晰的铸型。

（2）强度。型芯与型砂抵抗外力破坏的能力称为强度。足够的强度才能承受金属液的冲刷和压力，不致发生变形和损坏。

（3）耐火性。金属液高温作用下，型芯与型砂不烧结黏附在铸件表面上的性能称为耐火性。耐火性差会造成黏砂，增加清理和加工中的难度，严重时造成铸件报废。

（4）透气性。砂型在紧实后能使气体通过的能力称为透气性。高温作用下，砂型产生大量气体。透气性差，部分气体就会留在金属熔液中，使铸件出现气穴等缺陷。

（5）退让性。铸件冷却收缩时，砂型和型芯的体积可以被压缩的性能称为退让性。退让性差时，铸件收缩困难，易产生内应力，造成铸件变形或裂纹等缺陷。

型芯在浇注时受到高温金属液冲刷和包围，芯砂的性能要求更为严格。除满足上述要求，还应具备吸湿性小，发气量低，易于落砂清理等要求。

2. 型砂的组成

型砂是由原砂、旧砂、黏结剂、附加材料和水等混合搅拌而成。

（1）原砂（新砂）。原砂就是天然砂，由岩石风化并按颗粒分离的砂，主要成分为石英（SiO_2）。高质量铸造用砂要求 SiO_2 含量高（85%～97%），砂粒呈圆形且大小均匀。高熔点合金的铸造用砂多选锆砂、镁砂、铬砂等。

（2）旧砂。已经使用过的型砂称为旧砂。旧砂经过磁选、过筛和除杂，仍可掺入新砂使用。生产铸件需要大量型砂，旧砂重复使用有很大的经济意义。

（3）黏结剂。黏结剂是指能使砂粒相互黏结的物质。常用黏结剂是高岭土和膨润土。高岭土又称普通黏土或白泥，一般用于干型的型砂中。膨润土又称为陶土，常用于湿型的型砂中。当型芯形状复杂或有特殊要求时，可加入水玻璃、桐油或树脂等。

（4）水。用水将原砂和黏土混合制成具有一定强度的透气性型（芯）砂。水分过少，砂型强度低，易破碎，造型起模困难；水分过多，砂型湿度大，透气性下降，造型时易黏模，浇注时产生大量气体。

（5）附加材料。附加材料能改善型（芯）砂性能。通常加入的有煤粉、重油、木屑等。煤粉和重油能防止铸件黏砂，木屑可提高砂型的退让性和透气性。

（6）涂料。加入涂料提高表层的耐火性、保湿性、表面光滑程度及化学稳定性。中干型表面常涂覆石墨粉、黏结剂加水调成的涂料；湿型表面常铺撒石英粉、石墨粉或滑石粉。

3. 型砂的种类

按用途不同，型砂可分为面砂、填充砂、单一砂和型芯砂。

（1）面砂。铸型表面直接与金属熔液接触的一层型砂，称为面砂。厚度为20～30mm，通常都是新砂。

（2）填充砂。用来充填砂箱中除面砂以外的其余部分的砂，称为填充砂，又称为背砂。一般是将旧砂处理后，作为填充砂使用。

（3）单一砂。单一砂是指造型时，不分面砂和填充砂，砂型由同一种砂制造而成。适宜大批量生产，机械化程度较高的小型铸件的造型。

（4）型芯砂。铸造过程中型芯处于金属熔液包围中，工作状况恶劣。

4. 型（芯）砂的制备

铸造合金不同，铸件尺寸不同，对型（芯）砂的性能要求也不相同。为保证铸造技术要求，型（芯）砂应选用不同的原材料，按不同的比例配制。

5.2.2　模样和芯盒

模样和芯盒是用来制作型腔和型芯的工艺装备，由木材、金属或其他材料制成。不同的铸件尺寸形状和生产规模，对模样和芯盒的材料要求也不同。单件小批量生产时，一般用木材制造模样和芯盒。大批量生产时，常采用金属（铝合金，铜合金，铸铁）或塑料等制造模样和芯盒。

制造模样时应注意以下几点：

（1）分型面。分型面是砂箱之间铸型的分界面。合理的分型面可以保证造型方便，取模容易，提高铸件质量。

（2）收缩和加工余量。冷凝过程中，铸件体积必然收缩，在制造模样时，必须考虑收缩与加工余量。加工余量大小由铸造精度决定，小型铸件加工余量多为 2~6mm。

（3）起模斜度。在模样上沿分型面的垂直侧壁和芯盒内壁做出一定的斜角，便于将模样从砂型中取出，即起模斜度。一般为 0.5°~3°。

（4）铸造圆角。制造模样时，相邻表面的交角多做成圆角，防止黏砂。

（5）型芯头。型芯头有助于型芯在型腔中的定位。砂型型腔，做出安置型芯的凹坑，模样上做出相对应的凸起部分。

5.2.3　造型

1. 手工造型

手工造型操作灵活、工艺简单，但劳动强度高，生产率低，常用于单件和小批量生产。手工造型的方法很多，有整模造型、分模造型、挖砂造型、活块造型、刮板造型等，常用手工造型方法的特点和应用范围见表 5-1。

表 5-1　常用手工造型方法的特点和应用范围

造型方法	特点	应用范围
整模造型	整体模、分型面为平面，铸型型腔全部在一个砂箱内，造型简单，铸件不会产生错箱缺陷	铸件最大截面在一端，且为平面
分模造型	模样沿最大截面分为两半，型腔位于上下两个砂箱内，造型方便，但制作模样较麻烦	铸件最大截面在中间，一般为对称性铸件
挖沙造型	整体模，造型时需挖去阻碍起模的型砂，生产率低	单件小批量生产，分模后易损坏或变形的铸件
假箱造型	利用特制的假箱或型板进行造型，自然形成曲面造型，可免去挖砂操作，造型方便	成批生产需挖砂的铸件
活块造型	将模样上阻碍起模的部分，做成活块，便于造型起模	单件小批量生产带有突起部分的铸件
刮板造型	用特制的刮板代替实体模样造型，显著降低模样成本，但操作复杂，要求工人技术水平高	单件小批量生产等截面或回转类大中型铸件
三箱造型	铸件两端截面尺寸比中间部分大，采用两箱造型无法起模时，铸型可由三箱组成，关键是选配高度合适的中箱，造型麻烦，容易错箱	单件小批量生产具有两个分型面的铸件
地坑造型	地面以下的砂箱中造型，一般只用上箱，可减少砂箱投资，但造型劳动量大，要求工人技术较高	生产批量不大的大中型铸件，可节省砂箱

2. 机器造型

机器造型（芯）使紧砂和起模两个重要工序实现机械化，生产率高。机器造型按紧实的方式不同，分压实造型、震击造型、抛砂造型和射砂造型等四种基本方式。

1）压实造型

压实造型是利用压头的压力将砂箱中的型砂紧实，如图 5-2 所示为压实造型示意图。先把型砂填入砂箱，然后压头向下将型砂紧实，辅助框是用来补偿紧实过程中砂柱被压缩的高度。压实造型生产率高，但型砂沿高度方向的紧实度不够均匀，一般越接近底板，紧实度越差，因此适用于高度不大的砂箱。

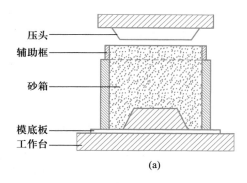
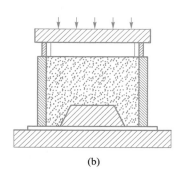

(a)　　　　　　　　　　　　　(b)

图 5-2
压实造型示意图

2）震击造型

震击造型是利用震动和撞击对型砂进行紧实，如图 5-3 所示。砂箱填砂后，震击活塞将工作台连同砂箱举起一定高度，然后下落，缸体撞击的冲击力产生紧实作用。型砂紧实度分布规律与压实造型相反，越接近模底板，型砂紧实度越高，因此可将震击造型与压实造型联合使用。

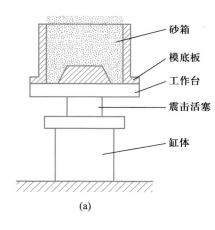
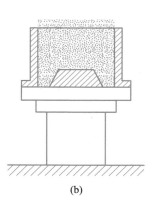

(a)　　　　　　　　　　　　　(b)

图 5-3
震击造型示意图

3）抛砂造型

如图 5-4 所示为抛砂机工作原理示意图。抛砂头转子上装有叶片，型砂由皮带输送机连续送入，高速旋转叶片接住型砂并分成一个个砂团。砂团随叶片转到出口处，在离心力作用下高速抛入砂箱，完成填砂和紧实。

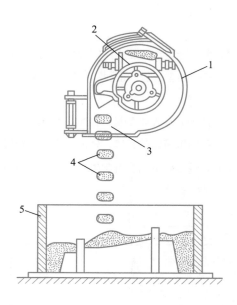

图 5-4
抛砂机工作原理示意图

1- 机头外壳　2- 型砂出口　3- 砂团出口　4- 被紧实的砂团　5- 砂箱

4）射砂造型

射砂紧实的方法用于造型和造芯，如图 5-5 所示为射砂机工作原理示意图。储气筒中迅速进入射膛的压缩空气，将型砂由射砂孔射入芯盒的空腔中，而压缩空气经射砂上的排气孔排出，射砂过程在较短的时间内，同时完成填砂和紧实，生产效率极高。

微课
砂型铸造技术

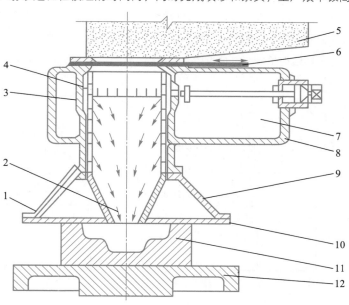

图 5-5
射砂机工作原理示意图

1- 排气孔　2- 射砂孔　3- 射膛　4- 射砂筒　5- 砂斗　6- 砂闸板
7- 进气阀　8- 储气筒　9- 射砂头　10- 射砂板　11- 芯盒　12- 工作台

5.3　特种铸造方法

砂型铸造是工业领域的基础铸造方法，适宜超大结构铸件。但尺寸精度低，表面质量差，力学性能低，劳动条件恶劣。随着生产技术改进，特种铸造已经得到了日益广泛的应用。常用特种铸造方法有熔模铸造、压力铸造、金属型铸造、低压铸造和离心铸造等。

5.3.1 熔模铸造

1. 熔模铸造

熔模铸造是指用易熔材料（如蜡料）制成模样，在模样上包覆若干层耐火材料。干燥硬化制成型壳，然后加热型壳，待模样熔化流出，高温熔烧成耐火型壳，液态金属浇入型壳，冷凝后敲掉型壳获得铸件。由于石蜡—硬脂酸是应用最广泛的易熔材料，故这种方法又称为"石蜡铸造"。

2. 熔模铸造的特点及应用范围

熔模铸造采用可熔化的一次模，型壳由耐火材料制成，因此熔模铸造有以下优点。

（1）铸件尺寸精度高，表面粗糙度低，可生产形状复杂、轮廓清晰的薄壁铸件。目前铸件的最小壁厚为 0.25～0.4mm。

（2）可以铸造各种合金铸件，包括铜铝等有色合金、合金钢、镍基和钴基特种合金等（高熔点难切削加工合金）。对于耐热合金复杂铸件，熔模铸造几乎是唯一的生产方法。

（3）生产批量不受限制，能实现机械化流水作业。

但是熔模铸造工序繁多，工艺过程复杂，生产周期较长（4～15 天），铸件不能太长和太大（蜡模易变形，型壳强度不高），质量多为几十克到几千克。某些模料、黏结剂和耐火材料价格较贵，质量不够稳定，因而生产成本较高。熔模铸造也常常被称为"精密铸造"，是少切削和无切削加工工艺的重要方法。它主要用于生产汽轮机、涡轮发动机的叶片叶轮、纺织机械、拖拉机、船舶、机床、电器、风动工具、仪表、工艺品等。

近年来，国内外在熔模铸造技术方面发展很快，新模料、新黏结剂和制壳新工艺不断涌现，实现了批量化生产。目前正在研究与开发熔模铸造和消失模样铸造的综合工艺，即用发泡模代替蜡模的新工艺。

5.3.2 金属型铸造

金属型铸造是指金属液在重力作用下浇入金属铸型中获得铸件的方法。金属型常用铸铁、铸钢或其他合金制成。金属型可以反复使用，所以有"永久型铸造"之称。

1. 金属型的构造

按分型面不同，金属型结构分为整体式、垂直分型式、水平分型式和复合分型式，如图 5-6 所示。其中垂直分型式金属型如图 5-6（a）所示，便于开设浇口和取出铸件，应用较多。金属型的材料是依据浇注的合金种类而定，多用于浇注低熔点合金（锡合金、锌合金、镁合金等）。

浇注铝合金、铜合金铸件可用合金铸铁；浇注铸铁和铸钢件需用碳钢及镍铬合金钢等做铸型。铸件的内腔由型芯制成，形状简单的用金属型芯；形状复杂或高熔点合金则用砂芯。

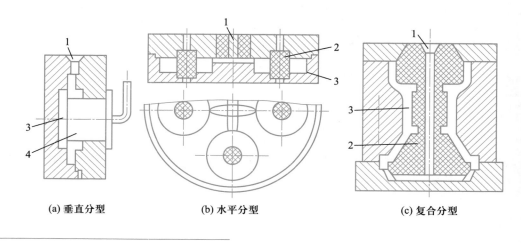

| (a) 垂直分型 | (b) 水平分型 | (c) 复合分型 |

图 5-6
金属型结构

1- 浇口　2- 砂型　3- 型腔　4- 金属芯

金属型本身没有透气性，为便于排出型腔内的气体，在型腔上部型壁上开排气孔，在分型面上开设通气槽或使用排气塞等。大多数金属型都配备顶出机构，便于取出铸件。

2. 金属型铸造的工艺特点

金属型铸造工艺特点是导热快，无退让性和透气性。铸件易产生冷隔、浇不足、裂纹等缺陷，灰铸铁件还常常出现白口组织。受到高温金属液的反复冲刷，型腔易损坏而影响铸件表面质量和铸型使用寿命。生产时应采取如下工艺措施：

（1）将金属型预热。使金属型预热到特定温区，减缓铸型冷却速度，从而有利于金属液充填和铸铁石墨化，延长铸型使用寿命。预热温度和合金种类、铸件形状、壁厚等有关，一般铸件为 250℃～350℃，非铁金属为 100℃～250℃，连续工作中铸型吸热而温度过高时，则应进行强制冷却（水冷或气冷）。

（2）型腔表面需喷涂涂料。涂料层能减少高温液体对金属型的"热冲击"作用，降低金属型壁的内应力，避免金属液与铸型的直接作用，防止发生熔焊现象，降低铸件冷却速度，控制凝固方向，易于取出铸件。还可以防止铸铁件的白口化倾向。

（3）选择合理的浇注温度。金属型导热能力强，为保证金属液顺利充型，浇注温度应比砂型铸造高出 20℃～35℃。浇注温度过低，会使铸件产生冷隔、浇不足和气孔等缺陷。浇注温度过高，金属液析出气体量增大，收缩明显易使铸件产生气穴、缩孔，甚至裂纹，缩短金属型寿命。

（4）铸件需控制开型时间。金属型无退让性，铸件在铸型中不宜停留过久，否则，阻碍收缩引起的应力会造成铸件的变形开裂，甚至发生开型困难和难抽芯现象；铸件在铸型中停留时间也不宜过短，金属在高温下强度较低，容易发生变形和开裂。合适的开型时间取决于铸造材料及铸件形状。一般，黑色金属开型温度高些，如铸铁件的开型温度为 780℃～950℃。

3. 金属型铸造的特点和应用

金属型铸造与砂型铸造相比，主要有以下优点：

（1）金属型可反复多次浇注，实现了"一型多铸"，节约大量造型材料，显著地提高了生产率，减少了粉尘污染。

（2）金属型导热性好，铸件冷却快，因而晶粒细，组织均匀，力学性能好。例如，铝合金和铜合金铸件的力学性能比砂型铸造提高 20% 以上。

（3）铸件的精度高，表面质量好。尺寸精度可达 IT14～IT12，表面粗糙度值 Ra 达 6.3～12.5μm，降低了机械加工余量。

（4）金属型铸造工序简化，铸造工艺容易控制，铸件质量比较稳定。同砂型铸造相比，废品率可减少 50% 左右。

金属型的主要缺点是：

（1）金属型的铸造周期长、成本高，不适宜小批量生产。

（2）金属型导热快，降低了金属液的流动性，不适于复杂形状和大型薄壁铸件。

（3）金属型无退让性，冷却收缩时产生的内应力将会造成复杂铸件的开裂。

（4）型腔在高温下易损坏，因而不宜铸造高熔点合金。

由于上述缺点，金属型铸造的应用范围受到限制，通常用于大批量生产结构简单的非铁金属及其合金的中小型铸件。比如飞机、汽车、拖拉机、内燃机等的铝活塞、汽缸体、缸盖、油泵壳体、铜合金轴套、轴瓦等。有时也用于生产某些铸铁和铸钢件。

5.3.3 压力铸造

压力铸造（简称压铸）是在高压下快速地将液态或半液态金属压入金属型中，在压力下金属凝固，获得特定形状结构铸件的方法。常用压铸工艺的压力为 5～70MPa，有时可高达 200MPa；充型速度为 5～100m/s；充型时间很短，只有 0.1～0.2s。

1.压力铸造的工艺过程

压铸机是压力铸造生产的主要设备，目前应用较多的是卧式冷压式压铸机（如图 5-7 所示），压铸所用铸型由定型和动型两部分组成。定型固定在压铸机的定模板上，动型则固定在压铸机的动模板上并可做水平移动。推杆和芯棒由压铸机上的相应机构控制，自动抽出芯棒和顶出铸件。

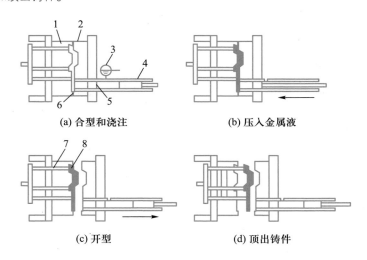

图 5-7 卧式冷压式压铸机的工作过程

1- 动型 2- 静型 3- 金属液 4- 活塞 5- 亚室 6- 分型面 7- 顶杆 8- 铸件

2.压力铸造的特点和应用

压力铸造的主要特征是铸件在高压高速下成型。压力铸造同其他铸造方法相比，具有以下优点：

（1）铸件质量好，尺寸精度高，可达 IT11～IT13 级，有时可达 IT9 级。表面粗糙度值 Ra 达 0.8～3.2μm，有时 Ra 达 0.4μm，产品互换性好。

（2）生产率比其他铸造方法高，可达 50～500 次/h，操作简便，易于实现自动化。

（3）生产形状复杂，轮廓清晰，薄壁深腔的金属零件。能直接铸造出细孔、螺纹、齿形、花纹、文字等，也可铸造出镶嵌件。

（4）压铸件组织致密，有较高的强度和硬度，抗拉强度比砂型铸件高 20%～40%。但是压铸机和压铸模费用昂贵，生产周期长，只适用于大批量生产。金属液在高压下快速充型，很难排出型内气体，压铸件内常有小气孔。因此，压铸件不允许有较大的加工余量，以防气孔外露，也不宜进行热处理或高温工作，以免气体膨胀而使铸件表面突起或变形。

5.3.4　离心铸造

离心铸造是将液态金属浇入高速旋转的铸型内，在离心力作用下充型、凝固后获得铸件的方法。铸件的轴线与旋转铸型的轴线重合。铸型可用金属型、砂型、陶瓷型和熔模壳型等。

1.离心铸造的工艺过程

一般在离心机上完成离心铸造。离心铸造机按其旋转轴空间位置的不同，分为立式、卧式和倾斜式三种。立式离心铸造机的铸型是绕垂直轴旋转，如图 5-8（a）所示，在金属液的重力作用下，铸件的内表面呈抛物线形。铸件不宜过高，主要用于铸造高度小于直径的环类、套类及成型铸件。卧式离心铸造机的铸型是绕水平轴旋转，如图 5-8（b）所示，铸件壁厚较均匀，主要用于长度大于直径的管类、套类铸件。

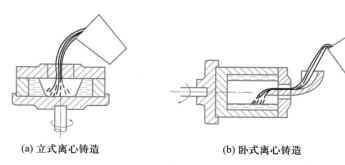

| (a) 立式离心铸造 | (b) 卧式离心铸造 |

图 5-8
离心铸造

2.离心铸造的特点和应用

离心铸造与其他铸造方法比较，有以下优点：

（1）金属结晶组织致密，铸件内没有或很少有气孔、缩孔和非金属类夹杂物，力学性能优良。

（2）铸造圆形中空铸件时，不用型芯和浇注系统，简化了工艺流程，降低了金属消耗。

（3）提高了金属液的充型能力，改善了充型条件，可用于浇注流动性较差的合金及薄壁铸件。

（4）适应各种合金的铸造，便于铸造薄壁件和"双金属"件，如钢套内镶铜轴承等，结合面牢固耐磨，节约贵重金属材料。

但是离心铸造铸件内孔表面粗糙，孔径通常不准确，内孔表面容易出现抛物面。生产过程易出现比重偏析，不适合制造易偏析合金（如铅青铜）铸件。

离心铸造多用于套、管、环类零件铸造，是铸铁管、气缸套、铜套、双金属轴承的主要生产方法，铸件最大重量可达十几吨。目前应用在耐热钢辊筒、特殊钢的无缝管坯、造纸机烘缸等铸件生产。

5.4 液态成型工艺及性能

5.4.1 合金的铸造性能

铸造过程中，铸件质量与合金铸造性能密切相关。合金铸造性能是指在铸造生产过程中，合金铸造成型的难易程度。也可以将合金的铸造性能定义为合金在铸造过程中所表现出来的性能，这些性能主要是指流动性、收缩性、偏析和吸气性等。一般情况下，容易获得正确外形且内部构造健全的铸件，就可以视为铸造性能良好。从材料工程学角度讲，合金的铸造性能是一个复杂的综合性能，通常用充型能力、收缩性等很多指标来衡量。

影响铸造性能的因素还包括化学成分和工艺因素等。掌握合金的铸造性能，采取合理的工艺措施，可以降低铸造缺陷，提高铸件质量。

1. 液态合金的流动性

1）合金的流动性及影响

流动性的好坏，可用螺旋形试样进行测定，如图 5-9 所示。

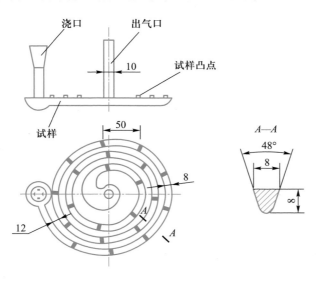

图 5-9
螺旋形试样

流动性好且充型能力强的液态金属，能够浇铸出复杂形状薄壁铸件，避免产生浇不足和冷隔等缺陷；有利于金属液中气体和夹杂物上浮排出，减少气孔渣眼等缺陷；铸件在凝固及收缩过程中，可得到来自冒口的液态合金补充，减少缩孔和疏松等缺陷。

　　2）影响流动性的因素

　　影响流动性的因素很多，主要有合金成分和浇注条件等。

　　（1）合金成分。不同成分的合金有不同的结晶特点，流动性不同。例如，共晶成分的合金流动性最好；凝固温度范围窄的合金流动性较好，而凝固温度范围宽的合金流动性差，这是因为较早生长的树枝状晶体对液态合金的流动产生较大阻力。成分不同的合金其熔点不同，熔点高的合金难以加热，合金保持在液态的时间短，流动性差。常用合金流动性比较见表 5-2。在常用的铸造合金中，铸铁的流动性好，铸钢的流动性较差。

表 5-2　常用合金流动性比较

合金	造型方法	浇注温度 /℃	螺旋线长度 /mm
铸铁	砂型	1 300	1 800
		1 300	1 300
		1 300	1 000
		1 300	600
铸钢	砂型	1 600	100
		1 640	200
铝硅合金	金属型（300℃）	690～720	100～800
镁合金	砂型	700	400～600
锡青铜	砂型	1 040	420
硅黄铜	砂型	1 100	1 000

　　（2）浇注温度。浇注温度越高，保持液态的时间就越长，液态合金黏度也越低，流动性也就越强。因此，适当地提高浇注温度，是防止铸件浇不全和冷隔的工艺措施之一。

　　（3）浇注压力。浇注时液态金属压力大，流速快，流动性好，则充型能力强。

　　（4）铸型。铸型对液态金属的填充也有一定影响。铸型中凡能增加液态合金流动阻力、降低流速和增加冷却速度的因素，均会降低合金的流动性。例如：内浇道横截面小、型腔表面粗糙、型砂透气性差、铸型排气条件不良等因素均会加大液态合金的流动阻力，降低流速。铸型材料导热快，液态合金冷却速度增大，则流动性下降。

2. 合金的收缩性

　　合金从浇注温度冷却到室温要经过液态收缩、凝固收缩和固态收缩三个阶段。液态收缩和凝固收缩是铸件产生缩孔的主要原因，固态收缩是产生铸造应力、变形和裂纹的主要原因。

　　1）影响铸件收缩的因素

　　影响铸件收缩的主要因素有合金成分、浇注温度以及铸型和铸件结构等。

　　（1）合金成分。不同成分的合金有不同的收缩率，见表 5-3。在灰铸铁、球墨铸铁、铝合金、铜合金等几种常见合金中，灰铸铁的收缩率最小，这是因为灰铸铁在冷却过程中结晶析出体积较大的石墨相时，产生的体积膨胀抵消了部分收缩。

表 5-3 几种合金的收缩率

合金种类	碳的质量分数 w_C (%)	浇注温度 /℃	液态收缩率 (%)	凝固收缩率 (%)	固态收缩率 (%)	总收缩率 (%)
碳素铸钢	0.25	1 610	1.6	3.0	7.86	12.46
白口铸铁	3.00	1 400	2.4	4.2	5.4~6.3	12~12.9
灰铸铁	3.50	1 400	3.5	0.1	3.3~4.2	6.9~7.8

（2）浇注温度。浇注温度越高，合金液态收缩程度越明显，因此浇注温度不宜过高。

（3）铸型及铸件结构。铸型及铸件结构会使铸件受到收缩阻力影响，阻力来源于铸件各部分收缩时的相互制约及铸型和型芯对铸件收缩的阻碍。例如，当铸件结构设计不合理或型砂（芯砂）退让性不足时，铸件就容易出现裂纹。

2）缩孔和缩松的形成及防止

铸件凝固过程中，补缩不良而形成的孔洞称为缩孔。缩孔的形成过程如图 5-10 所示。

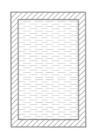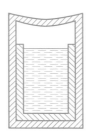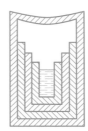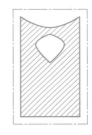

图 5-10
缩孔的形成过程

液态合金填满型腔后，铸型吸热，合金凝固出现外壳。液态收缩和凝固收缩，导致液面下降。随着温度降低，凝固外壳逐渐加厚，最后凝固的金属由于得不到液态金属的补缩，凝固结束后在铸件上部形成缩孔。缩松是铸件某一区域中细小分散的缩孔。缩孔和缩松都是由于液态收缩和凝固收缩未得到外来金属液及时补充所致。缩孔和缩松使铸件的力学性能降低，缩松还使铸件的致密度下降，如图 5-11 所示。

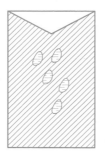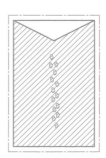

图 5-11
缩松的形成过程

为防止缩孔和缩松的产生，应合理设计铸件结构，力求避免局部金属积聚；合理开设浇注系统、设置冒口和冷铁，对铸件凝固过程进行控制，使之实现顺序凝固。所谓顺序凝固，就是使铸件的凝固按薄壁—厚壁—冒口的顺序进行，让缩孔转移到冒口中去，从而获得致密组织铸件，如图 5-12 所示为冒口和冷铁的设置示意图。冷铁是用铸铁制成的金属块嵌入铸型中，使铸件厚壁部位的冷却速度增大，避免缩孔和缩松的产生，冷铁本身并不起补缩作用。

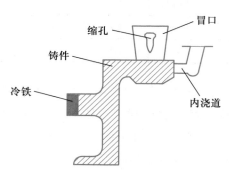

图 5-12
冒口和冷铁的设置示意图

3）铸造应力、变形和裂纹

铸件固态收缩受到阻碍而引起的内应力称为铸造应力。当铸造应力达到一定数值时，可导致铸件变形或开裂。

（1）铸造应力。按产生的原因，铸造应力可分为热应力和机械应力。热应力是由铸件各部分冷却收缩不均匀而引起；机械应力是由铸型和型芯等阻碍铸件收缩而引起的内应力，如图 5-13 所示的型芯退让性差，对铸件收缩阻碍较大，使铸件产生内应力。铸造应力使铸件的精度和使用寿命大大降低。在存放加工甚至使用过程中，铸件内的残余应力将重新分布，使铸件发生变形或裂纹。它还降低了铸件的耐腐蚀性，其中机械应力尽管是暂时的，但是当它与其他应力相互叠加时，也会增大铸件产生变形与裂纹的倾向，因此必须减小或消除。要减少铸造应力就应设法减少铸件冷却过程中各部位的温差，使各部位收缩性一致，如将浇口开在薄壁处，在厚壁处加热冷铁，即采取同步凝固原则；此外，改善铸型和砂芯的退让性，减少机械阻碍，通过热处理等方法减少或消除铸造应力。

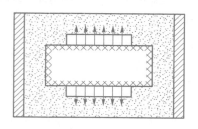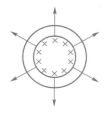

图 5-13
产生机械应力示意图

（2）铸造变形和裂纹。铸造应力超过材料的强度极限，铸件会产生裂纹。裂纹有热裂纹和冷裂纹两种。热裂纹是铸件凝固末期在高温下形成的，此时结晶出来的固体已形成完整的骨架，开始进入固态收缩阶段，但晶粒间还有少量的液体，因此合金的强度很低。如果合金的固态收缩受到铸型或型芯的阻碍，使机械应力超过在该温度下合金的强度，就会发生裂纹。热裂纹具有裂纹短、缝隙宽、形状曲折、缝内氧化、裂口沿晶界产生和发展等特征，是铸钢和铝合金铸件常见的缺陷。冷裂纹是在较低温度下形成的裂纹，铸件产生的应力超出该温度下金属的强度，则形成冷裂纹。冷裂纹常出现在铸件受拉伸部位，形状细小，呈连续直线状，裂纹断口表面具有金属光泽或轻微氧化色。壁厚差别大、结构突变或形状复杂的铸件，尤其是大而薄的铸件易于出现冷裂纹。

（3）减少变形，防止开裂的措施。生产中有效减少铸件变形，防止铸件开裂的主要措施有：①合理设计铸件结构，力求壁厚均匀，结构匀称；②合理设计浇冒口、冷铁使铸件冷却均匀；③采用退让性好的型砂和芯砂；④严格控制合金中 S、P 含量；⑤避免过早落砂；⑥表面清理后及时去应力退火。

3. 合金偏析和吸气性

（1）偏析。铸件出现化学成分不均匀的现象称为偏析。偏析使力学性能不均匀，甚至使铸件报废。偏析分为晶内偏析和区域偏析两类。晶内偏析（也称枝晶偏析、微观偏析）是指晶粒内各部分化学成分不均匀的现象。采用扩散退火可消除晶内偏析。区域偏析（也称宏观偏析）是指铸件上下部分化学成分不均匀的现象。为防止区域偏析，在浇注时应充分搅拌或加速合金液冷却。

（2）吸气性。合金在熔炼和浇注时吸收气体的行为称为合金的吸气性。气体来源于炉料熔化和燃料燃烧时产生的各种氧化物和水气、浇注时带入铸型的空气、造型材料中的水分等。气体在合金中的溶解度随温度和压力的提高而增大，因此合金液冷凝过程中，随着温度降低会析出过饱和气体。气体来不及从合金液中逸出，将在铸件中形成气孔、针孔或非金属夹杂物（如 FeO、Al_2O_3 等），降低铸件的力学性能和致密性。为减少合金的吸气性，常采用缩短熔炼时间，选用烘干过的炉料；在熔剂覆盖层下或在保护性气体介质中，或在真空中熔炼合金；进行精炼除气处理；提高铸型和型芯的透气性；降低造型材料中的含水量和对铸型进行烘干等方法。

5.4.2 常用液态成型合金及其熔铸工艺

金属熔炼工艺对于铸件质量有着重要影响。熔炼的目的是要获得预定成分和温度的熔融金属，减少气体和夹杂物。铸铁是液态成型合金生产中，使用最多的金属原料，占铸件总量的 70% 以上；其次为铸钢和铝合金。

1. 常用铸铁件及其熔铸工艺

1）灰口铸铁

目前 90% 的灰口铸铁用冲天炉熔炼，炉料由金属炉料、燃料（焦炭、天然气）和熔剂（石灰石）等组成。金属炉料包括高炉铸造生铁、回炉铁（废旧铸件、浇冒口等）、废钢和铁合金（硅铁、锰铁等）。电弧炉和感应炉可熔炼出高质量的灰口铸铁。

灰口铸铁件主要用砂型铸造，高精度灰口铸铁件可用特种铸造方法铸造。因灰口铸铁的铸造性能好，所以铸造工艺较简单。灰口铸铁流动性好，浇注系统多采用封闭式（$S_内 < S_横 < S_直$）或半封闭式（$S_内 < S_直 < S_横$，S——浇道横截面积），达到较好的挡渣效果。熔点低，浇注温度不高，造型材料耐火性要求不高。收缩小又有自身补缩能力，防收缩工艺措

施要求不严，一般无需冒口或只用出气口。灰口铸铁多采用同步凝固原则，高牌号灰口铸铁常采用顺序凝固原则。

2）球墨铸铁

球墨铸铁的铸造性能介于灰口铸铁与铸钢之间。化学成分接近共晶点（碳当量为4.5%～4.7%），流动性与灰口铸铁相近，可生产壁厚为3～4mm铸件。球化和孕育处理时，降低了铁水温度，容易氧化，因此要求铁水的出炉温度高，以保证必需的浇注温度。同时要加大内浇道截面，采用快速浇注等措施，防止产生浇不足和冷隔等缺陷。

球墨铸铁件表面完全凝固耗时长，外壁与中心几乎同时凝固，造成凝固后期外壳不坚实。析出石墨发生膨胀产生的压力会扩大型腔，使铸件尺寸及铸件内各结晶体间隙增大，容易出现缩孔和缩松。球墨铸铁的线收缩率为1.25%～1.7%，常采用顺序凝固原则，增设冒口加强补缩。使用干型或水玻璃快干型，提高铸型强度。此外，球墨铸铁凝固时有较大内应力，产生变形和裂纹的倾向大，所以要注意消除内应力。

由于铁水中 MgS 与型砂中水分作用，生成 H_2S 气体，易使铸件产生皮下气孔。所以应严格控制型砂中水分和铁水中硫的含量。

球墨铸铁易产生石墨飘浮及球化不良等缺陷，必须严格控制碳与硅的含量并尽量缩短球化处理后铁水停留时间，一般不超过15～20min。球化处理后常含有 MgO、MgS 等夹渣，应考虑排渣措施，采用封闭式浇注系统。

3）可锻铸铁

可锻铸铁件的生产过程是，首先获得白口铸铁件，然后经高温石墨化退火。可锻铸铁的碳、硅含量较低，熔点比灰口铸铁高，结晶温度范围较宽，故其流动性差，凝固收缩大，容易出现浇不足、冷隔、缩孔及裂纹等缺陷。为避免以上缺陷，可按照顺序凝固的原则设置冒口和冷铁，提高铁水的出炉温度和浇注温度；适当提高型砂耐火性、退让性和透气性；浇注系统安放过滤网，挡住熔渣。

2. 铸钢件熔铸工艺

铸钢的熔点高（约1500℃）、流动性差、收缩率高（达2.0%），熔炼过程中易吸气和氧化，出现黏砂、浇不足、冷隔、缩孔、变形、裂纹、夹渣和气孔等缺陷。由于铸造性差，多采取相应工艺措施来提高铸钢件质量。

铸钢的浇注温度高（1550℃～1650℃），对型（芯）砂的透气性、耐火性、强度和退让性等技术指标要求较严。颗粒大而均匀的石英砂作为原砂使用，人工破碎的石英砂适合于大铸件。铸型表面涂上石英粉或锆砂粉涂料能防止黏砂。为减少气体来源，提高合金的流动性和铸型强度，大型件多用干型或快干型铸造。

中小型铸钢件的浇注系统开设在分型面上或开设在铸件的上面（顶注），大型铸钢件适宜开设在下面（底注式浇注）。为使金属液迅速充满铸型，减少流动阻力，浇注系统形状应简单，内浇道横截面积应是灰口铸铁的1.5～2倍，一般采用开放式。铸钢件大多需要开设冒口，采用顺序凝固原则，防缩孔和缩松等缺陷。冒口所耗钢液占浇入金属总量的25%～50%。在热节处设置冷铁控制凝固顺序。对少数壁厚均匀的薄件，可采用同步凝固原则，多开内浇道，使钢水均匀迅速地充满铸型。

3. 有色合金的熔铸工艺

常用的铸造有色合金，包括铜合金、铝合金、镁合金及轴承合金等。在机械制造中，应用最多的是铸造铝合金和铸造铜合金。

1）铝合金的熔铸工艺

铸造铝合金有铝硅、铝铜、铝镁和铝锌四类合金。其中铝硅合金（又称硅铝明）具有良好的铸造性能，如流动好、收缩小、裂纹少、组织致密。铝硅合金约占铸造铝合金总产量的 50% 以上。含硅 10%～13% 的铝硅合金是最典型的铝硅合金，是共晶类型的合金。

铸造铝合金熔点低，流动性强，对型砂耐火性要求不高，可用细砂造型提高铸件表面质量，也可浇注复杂薄壁铸件。为防止铝液在浇注过程中氧化和吸气，通常采用开放式浇注系统，并多开内浇道，使铝液迅速而平稳地充满型腔，减少飞溅、涡旋和冲击。为去除铝液中的夹渣和氧化物，浇注系统的挡渣能力要强。形成合理的温度分布按顺序凝固，在最后凝固部位设置冒口，减少缩孔和缩松等缺陷。

2）铜合金的熔铸工艺

铸造铜合金分为铸造黄铜和铸造青铜两大类。

铸造黄铜的熔点低，流动性强，结晶温度范围较窄（30℃～70℃），对型砂耐火性要求不高。较细的型砂造型能提高铸件表面质量，减少加工余量，适宜浇注薄壁复杂铸件。铸造黄铜容易出现集中缩孔，应配置较大的冒口。

锡青铜的结晶温度范围宽（150℃～200℃），凝固收缩及线收缩率均低，不易产生缩孔，却易产生枝晶偏析与缩松，降低铸件致密度。缩松便于存储润滑油，适于制造滑动轴承。壁厚较薄的锡青铜铸件，常用同步凝固方法。宜采用金属型铸造，冷却速度快使铸件结晶细密。液态下易氧化，开设浇口时应使金属液流动平稳，防止飞溅，常用底注式浇注系统。

铝青铜的结晶温度范围窄，流动性好，易获得致密铸件。收缩明显易产生集中缩孔，可安置冒口、冷铁，使之顺序凝固。易吸气和氧化，浇注系统宜采用底注式，安放过滤网除去浮渣。

铅青铜浇注时因铅密度大易下沉，需要控制浇注温度，浇注前充分搅拌，加快铸件冷却，减少偏析。

复习思考题

1. 零件、模具、铸件各有什么异同之处？

2. 确定浇铸位置和分型面的各自出发点是什么？相互关系如何？

3. 简述铸铁性能对铸铁质量的影响。

4. 为什么要规定最小的铸件壁厚？普通灰口铁壁厚过大或壁厚不均匀各会出现什么问题？

5. 形状复杂的零件为什么用铸造毛坯？受力复杂的零件为什么不采用铸造毛坯？

6. 灰铸铁流动性好的主要原因是什么？提高金属流动性的主要工艺措施是什么？

第6章　金属材料塑性成形

知识目标

（1）掌握：碳钢的锻造温度范围确定原则；自由锻基本工序。

（2）理解：金属塑性变形的实质；加热产生的缺陷；锤上模锻、胎模锻与模锻的区别。

能力目标

（1）能绘制零件自由锻工艺锻件图。

（2）能根据零件结构确定自由锻工序。

学习导航

利用金属在外力作用下发生塑性变形，获得形状尺寸和力学性能的原材料、毛坯或零件的生产方法，称为金属塑性成形，也称为压力加工。金属塑性成形是金属加工的方法之一，是机械制造生产的重要组成部分。

6.1　塑性成形基础

常见金属塑性成形方法有轧制、挤压、拉拔、自由锻、模锻、板料冲压等（如图6-1所示）。其中，轧制、挤压和拉拔等加工方法主要用于制造型材、板材、线材等；自由锻、模锻和板料冲压等加工方法又称为锻压，可直接用于生产零件和毛坯。金属塑性变形是金属塑性成形的基础，钢材和大多数非铁金属及其合金都具有塑性，可以进行塑性成形，如低碳钢、纯金属、铜合金和铝合金，而铸铁是脆性材料，不适宜于塑性成形。

金属塑性成形与其他金属加工方法相比，有以下特点：

（1）改善金属组织，提高金属力学性能。塑性加工，不仅使金属材料的尺寸形状发生改变，而且在加工过程中能压合铸态金属中的缩孔、缩松、空隙、气泡和裂纹等缺陷。因此，材料的内部组织更加致密匀称，晶粒得到细化，强度及冲击韧度都有所提高，同塑性加工前的铸态金属相比，性能有极大的改善，力学性能更加优良。

（2）材料利用率和经济效益高。塑性成形主要通过坯料体积的重新分配获得所需形状和尺寸，成形中材料损耗低，成本低。

（3）塑性成形加工自动化程度明显，具有批量化生产优势和更低的制造成本。

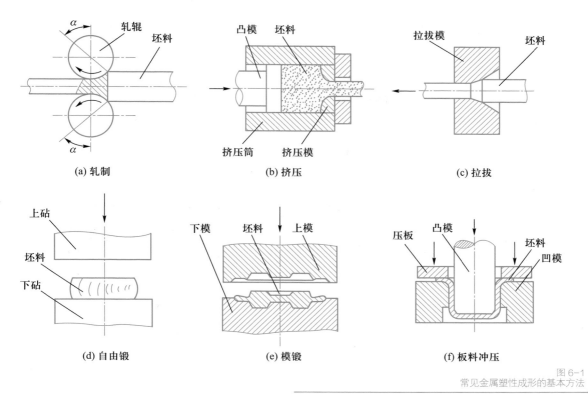

(a) 轧制　　　　　(b) 挤压　　　　　(c) 拉拔

(d) 自由锻　　　　(e) 模锻　　　　　(f) 板料冲压

图 6-1
常见金属塑性成形的基本方法

承受重载和冲击环境的重要机器零部件，如主轴、传动轴、齿轮、凸轮、曲轴、连杆等，大都采用锻件为毛坯。冲压零部件有强度高、结构轻、外形美观、互换性好等优点，广泛应用于汽车、仪表、电力等领域。

6.1.1　金属的塑性变形机理

金属坯料在外力的作用下产生与外力平衡的内应力，当内应力超过金属屈服点，便会发生塑性变形。这正是金属材料能够进行塑性加工的依据，经典理论多用晶粒内部滑移、晶粒间滑动和转动来解释金属的塑性变形。

1. 单晶体的塑性变形

单晶体是指原子排列方式完全一致的晶体，塑性变形主要形式是滑移。如图 6-2 所示是单晶体滑移变形示意图。在切应力的作用下，晶体的一部分与另一部分沿着晶面产生相对滑移，从而产生塑性变形。当外力继续作用或增大时，晶体还将在另外的滑移面上发生滑移，变形继续进行，从而得到一定的变形量。

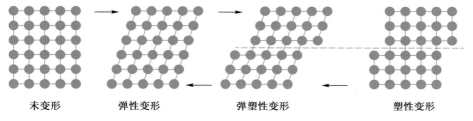

未变形　　　弹性变形　　　弹塑性变形　　　塑性变形

图 6-2
单晶体滑移变形示意图

115

晶体在晶面上发生的滑移过程，实质上并不需要整个滑移面上的全部原子参与，而是通过位错运动来实现的。所谓位错是指晶体内部某一列或若干列原子发生错排而造成的晶格扭曲现象。位错运动引起塑性变形示意图如图 6-3 所示。切应力作用下，位错中心附近只需少量原子作微量位移，就可使位错中心逐步右移，当位错运动到达晶体表面时，就造成了一个原子间距的滑移变形量。实际晶体中含有大量的位错，外力作用下，不断有位错移动到晶体表面，使塑性变形量逐渐递增而形成塑性变形。

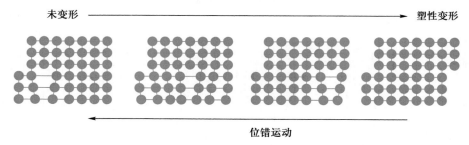

图 6-3
位错运动引起塑性变形示意图

位错运动只是少量原子的微量位移，其所需的临界切应力远远低于整体刚性滑移，这就是塑性变形在外力远未达到理论临界切应力时就已大量发生的原因。

2. 多晶体的塑性变形

通常使用的金属都是由大量晶粒组成的多晶体，每个晶粒都是有一定位向的单晶体。多晶体的晶粒之间有晶界相连，其塑性变形机理较单晶体更为复杂。多晶体的塑性变形可以看成是各个单晶体变形的综合效果，如图 6-4 所示。外力作用下，变形首先在有利于变形的晶粒间出现，再逐步扩展到其他晶粒内。各晶粒间的相互约束与牵制造成晶粒间的滑动和转动，外力达到一定值后晶界也会发生变形和破碎。多晶体塑性变形也可以看成是晶内变形（晶粒内部的滑移变形）与晶间变形（晶粒之间的相互移动或转动）的合成。

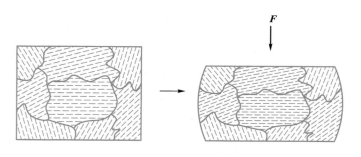

图 6-4
多晶体塑性变形示意图

多晶体含有大量的晶界，晶界附近原子排列紊乱，滑移发展到晶界时，必然受到阻碍，因此多晶体的变形抗力要比同种的单晶体高很多。晶粒越细，则晶粒数目相对越多，变形量则可由更多的晶粒来分摊，变形更加均匀。因此，细晶粒金属不但强度高，还同时具有较好的塑性和韧性，较高温度下变形时可降低晶界强度，因而可以在较低压力下使金属产生塑性变形。

6.1.2　塑性变形的分类

根据变形温度范围，金属的塑性变形分为冷变形和热变形。

金属在再结晶温度以下进行的塑性变形称为冷变形。冷变形加工后，金属内部形成纤维组织，变形后金属有明显的加工硬化现象。冷变形加工有精度高、表面质量好、力学性能优的特点，广泛应用于板料冲压、冷挤压、冷镦及冷轧等常温变形加工。冷变形的变形量不宜过大，以避免工件撕裂或降低模具寿命。

金属在其再结晶温度以上进行的变形加工称为热变形。加工过程中产生的加工硬化随时被再结晶软化与消除，金属塑性显著提高，变形抗力明显降低。因此，可以利用较小的能量获得较大的变形量，适合于较大尺寸复杂形状工件的变形加工。热变形加工零部件表面容易形成氧化皮，尺寸精度与表面质量较低。自由锻、热模锻、热轧等都属于热变形。

6.1.3　热变形对金属组织和性能的影响

金属热变形时组织和性能的变化，主要表现在以下几个方面：

（1）金属中的脆性杂质被破碎，沿金属流动方向呈粒状或链状分布；塑性杂质则沿变形方向呈带状分布，这种杂质的定向分布称为流线。通过热变形加工可以改变和控制流线的方向与分布，加工时应尽可能使流线与零件的轮廓相符合而不被切断。如图 6-5 所示是经过切削加工和锻造加工后曲轴的流线分布，明显看出经切削加工的曲轴流线易沿轴肩部位发生断裂，流线分布不合理。

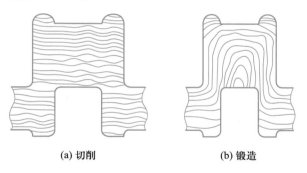

(a) 切削　　　　　　**(b) 锻造**

图 6-5
曲轴的流线分布示意图

（2）热变形加工可以使铸坯中的组织缺陷得到明显改善，如铸坯中粗大的柱状晶粒经过热变形加工后变为较细的等轴晶粒；气孔和缩松被压实，金属组织致密度增加；某些合金钢中的大块碳化物被击碎并均匀分布；消除金属材料偏析，成分均匀化。

6.1.4　金属的锻造性

金属的锻造性是衡量金属材料适宜锻压成形的程度，是重要的工艺性能指标。常用金属的塑性和变形抗力两个指标来衡量金属锻造性优劣。金属塑性好，变形抗力低，则锻造性好，反之则差。影响金属材料塑性和变形抗力的主要因素有两个方面。

1. 金属的性质

（1）金属的化学成分：不同组元成分的金属有不同的塑性，锻造性也各异。纯金属的锻造性较好，但组成合金后，强度有所提高，塑性却下降，锻造性变差。例如碳钢随着碳含量的增加，塑性下降，锻造性变差。合金钢中合金元素含量增加，锻造性也变差。

（2）金属的组织状态：金属组织结构不同，锻造性也有较大差别。单一固溶体组成的合金，有良好的塑性，锻造性也较好。多种组元形成的组织结构，塑性差，锻造性差。

一般来说，面心立方结构的金属塑性最优，体心立方结构的金属塑性其次，密排六方结构的金属塑性最差。金属组织内部的缺陷，如疏松或气孔等，会降低金属塑性，锻造时潜在锻裂风险。铸态组织和粗大晶粒结构的锻造性劣于轧制组织和晶粒细化结构，但晶粒过细，变形抗力也会增大。

2. 金属的变形条件

微课
锻压成形技术

（1）变形温度：温度升高，金属原子动能增加而易于产生滑移变形，提高了金属的锻造性，因此加热是锻压的重要变形条件。但温度过高，金属过热，塑性反而显著下降。因此，应根据金属材质，将变形温度控制在合适的范围内。

（2）变形速度：变形速度是指金属在锻压过程中单位时间内的相对变形量。变形速度快，金属塑性下降，变形抗力增大；但变形速度很快时，热效应会使变形金属的温度升高而提高塑性，降低变形抗力。

6.2　金属锻造方法

锻造主要分为自由锻造和模型锻造。

6.2.1　自由锻造

自由锻造简称自由锻，是金属在锤面与砧面之间受压变形的锻造加工方法。金属在垂直于压力的方向自由延展变形，形状和尺寸精度受制于工人的操作娴熟程度。

自由锻可用于生产各种大小的锻件，但生产率低，只适合形状简单的工件；加工精度低，加工余量大，消耗材料较多；应用于多品种单件和小批量生产，特别适用于大型锻件，在重型机器制造业中占有重要的地位。

自由锻分为手工自由锻和机器自由锻。手工自由锻只能用于生产小型锻件，效率低。机器自由锻则是自由锻的主要方式。根据对坯料作用力的性质和所用设备，机器自由锻分为锻锤自由锻和液压机上自由锻两大类。锻锤利用机械冲击力使坯料变形。生产中使用的锻锤有空气锤和蒸汽－空气锤。空气锤吨位较低，适于锻造小型锻件。蒸汽－空气锤吨位稍高（最大吨位可达 50kN），用来加工质量低于 1 500kg 的锻件。液压机利用压力使金属坯料变形。生产中使用的液压机主要是水压机，吨位较大，可以锻造重达 300t 的锻件。水压机容易达到较大的锻透深度，因此水压机是巨型锻件的重要成形设备。

1. 自由锻的工序

根据各工序变形性质和变形程度的不同，自由锻工序可分为基本工序、辅助工序和精整工序三大类。

1）基本工序

基本工序是指使金属坯料实现主要变形要求，达到或基本达到锻件预期形状尺寸的工序，主要有以下几种：

（1）镦粗。镦粗是指使坯料高度变低，横截面积增大的工序。它是自由锻生产中最常用的工序，适用于块状、盘套类锻件的生产。

（2）拔长。拔长是指使坯料横截面积减小，长度增加的工序，适用于轴类和杆类锻件。生产过程中，经常反复拔长与镦粗，以强化金属内部组织结构。

（3）冲孔。冲孔是指在坯料上冲出通孔或盲孔的工序。冲孔之后还应完成扩孔工序。

（4）弯曲。弯曲是指使坯料轴线产生一定弯曲的工序。

（5）扭转。扭转是指使坯料的一部分相对于另一部分绕其轴线旋转的工序。

（6）错移。错移是指使坯料的一部分相对于另一部分平移错开，但仍保持轴线平行的工序，它是生产曲拐或曲轴类锻件必需的工序。

（7）切割。切割是指分割坯料或切除锻件余量的工序。

（8）锻接。锻接是在锻压冲击力或压紧力作用下，使两种材料直接固化结合成整体的工序。

2）辅助工序

辅助工序是开展基本工序之前的预变形工序，如压钳口、倒棱角、压台肩等操作。

3）精整工序

精整工序是在完成基本工序之后，提高尺寸形状精度的工序，如校正、滚圆、平整等。

工业生产中最常用的是镦粗、拔长、冲孔三道基本工序。自由锻基本工序简图如图6-6所示。

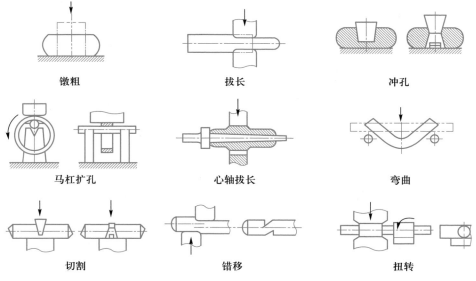

图6-6
自由锻基本工序简图

2. 自由锻工艺

锻造大中型锻件都要事先制定锻造工艺规程。自由锻工艺规程内容包括：绘制锻件图；计算坯料质量与尺寸；选择锻造工序；确定锻造设备吨位；确定锻造温度范围、冷却和热处理规范；规定技术要求和检验要求；编制劳动组织和工时定额等。包含上述组成内容的工艺文件就是工艺卡片，根据工艺卡片中的各项规定开展生产。

1）绘制锻件图

锻件图是根据零件图绘制而成的，对于锻件的形状和尺寸，要考虑下列因素：

（1）敷料（余块）。自由锻只能锻制形状简单的锻件，对某些凹档、台阶、小孔、斜面、锥面等构造都需要进行结构简化，降低锻造难度，提高生产率。为简化锻件形状而增加的金属称为敷料或余块，在切削加工时被去除。

（2）加工余量。自由锻件的精度和表面质量都较差，全部表面都应进行切削加工。增加敷料之后的零件尺寸要考虑加工余量。

（3）锻造公差。锻件实际尺寸与名义尺寸之间所允许的偏差称为锻造公差。锻造操作中掌握尺寸比较困难，外加金属的氧化和收缩等原因，锻件的实际尺寸总有较大误差。规定了锻造公差，有利于提高生产率。

如图6-7所示为双联齿轮轴的锻件图。为了便于掌握零件的形状和尺寸，用细双点画线表示零件轮廓，锻件尺寸下面用括号注明零件名义尺寸。

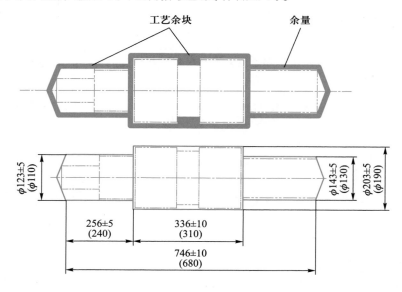

图 6-7
双联齿轮轴的锻件图

2）计算坯料质量和尺寸

坯料质量计算公式为：

锻件坯料质量 = 锻件质量 + 氧化损失 + 截料损失

锻件质量是根据锻件的名义尺寸计算的，金属氧化损失量与加热炉种类有关。用火焰炉加热钢料，首次加热烧损量按锻件质量的2%～3%计算，以后每次烧损量按锻件质量的1.5%～2%计算。截料损失是指在冲孔、修整锻件形状和长度等过程中截去的金属废料。截料损失量与锻件形状复杂程度有关。以钢材作坯料时，截料损失按锻件质量的2%～4%计算；以钢锭作坯料时，截料损失还应计入钢锭头部和底部被切除的废料质量。

（1）应用拔长工序，计算公式为：

坯料截面积 = 锻件最大部分截面积 × 锻造比

（2）应用镦粗工序，坯料的高度与直径之比应大于 2.5 且小于 2.8。坯料过高，容易弯曲；坯料直径过大，下料困难。

3）选择锻造工序

锻造工序是根据锻件形状确定的，更多依赖于操作经验。一般可按锻件类别选择锻造工序。锻件类别及锻造工序见表 6-1。

表 6-1　锻件类别及锻造工序

锻件类别	图例	锻造工序
实心圆截面光轴及阶梯轴		拔长，压肩，打圆
实心方截面光杆及阶梯杆		拔长，压肩，整修，冲孔
单拐及多拐曲轴		拔长，分段，错移，打圆，扭转
空心光环及阶梯环		镦粗，冲孔，在心轴上扩孔，定径
空心筒		镦粗，冲孔，拔长，打圆
弯曲件		拔长，弯曲

4）确定检验标准和方法

根据技术要求和生产条件确定锻造温度、加热方式、冷却方式、热处理工艺、检验标准和检验方法等。

3. 自由锻的锻件结构工艺性

设计自由锻的锻件结构，要考虑使用性能和锻造条件的可行性，兼顾经济性，即零件结构要符合自由锻的工艺性要求。自由锻件的结构工艺性要求如表 6-2 所示。

表 6-2　自由锻件的结构工艺性要求

要求	举例	
	不合理的结构	合理的结构
避免锥面或斜面		

121

续表

要求	举例	
	不合理的结构	合理的结构
避免圆柱面与圆柱面相交	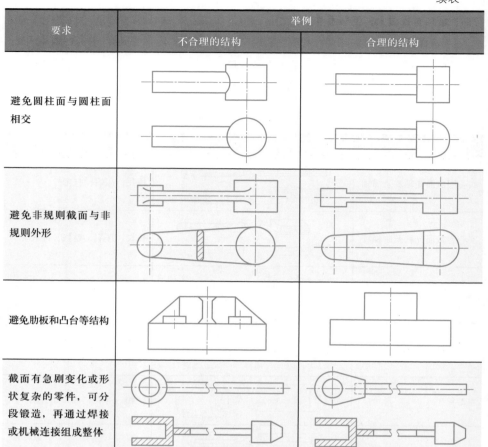	
避免非规则截面与非规则外形		
避免肋板和凸台等结构		
截面有急剧变化或形状复杂的零件，可分段锻造，再通过焊接或机械连接组成整体		

微课
自由锻造成形

6.2.2　模型锻造

模型锻造简称为模锻，是将加热到锻造温度的金属坯料放到固定在模锻设备上的锻模模膛内，使坯料受压变形，从而获得锻件的方法。金属在模膛内变形，流动能力受到模壁限制。因此，与自由锻件相比较，模锻件有以下优点：模锻件尺寸较精确，力学性能好，结构可以较复杂，生产率高。但模锻需采用专用模锻设备和价格昂贵的锻模，投资大、准备时间长，并且由于受三向压应力作用，变形抗力大，所以模锻只适用于中小型锻件的大批量生产，锻件质量一般不超过 150kg。

模锻按使用设备的不同，可分为锤上模锻、曲柄压力机上模锻、胎模锻、热模锻压力机上模锻、摩擦压力机上模锻以及平锻机上模锻等。不同的模锻设备，工艺特点不同，适用于不同类型锻件生产。

1. 锤上模锻

在模锻锤上进行的模锻称为锤上模锻，其工艺适应性强，设备费用较低，可用于生产多种类型的模锻件。

1）模锻锤

锤上模锻使用的设备有蒸汽 – 空气锤、无砧座锤、高速锤等，最常用的是蒸汽 – 空气模锻锤，如图 6-8 所示。蒸汽－空气模锻锤的结构与自由锻的蒸汽－空气锤相似，以压缩空气或蒸汽为动力。模锻锤生产精度高，锤头与导轨之间的间隙较小。模锻锤的设备吨位也是以落下部分的重力来表示的，吨位在 10～160kN 之间，锻件质量在 0.5～150kg 之间。

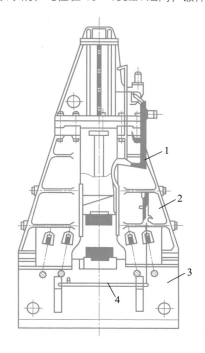

图 6-8
蒸汽－空气模锻锤

1- 操纵杆　2- 机架　3- 砧座　4- 踏板

2）锻模及锻模模膛

　　锤上模锻用到的锻模如图 6-9 所示，是由带有燕尾的上模和下模两部分组成的。下模固定在模座上，上模固定在锤头上并与锤头一起作上下往复式锤击运动。根据锻件形状和工艺需求，上下模都开设有指定形状的凹腔，称为模膛。模膛根据其功用分为制坯模膛和模锻模膛两大类。

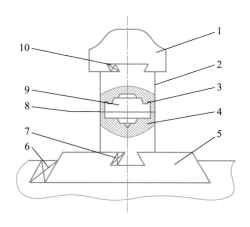

图 6-9
锤上模锻用到的锻模

1- 锤头　2- 上模　3- 飞边槽　4- 下模　5- 模垫　6，7，10- 楔铁　8- 分模面　9- 模膛

（1）制坯模膛。预先在制坯模膛内制坯，从而合理分配复杂形状模锻件的坯料，使坯料形状基本接近锻件形状。制坯模膛有以下几种：

①拔长模膛。其作用是减小坯料部分横截面积以增加坯料轴向长度，如图 6-10 所示。当模锻件沿轴向横截面积相差较大时，采用这种模膛进行拔长。

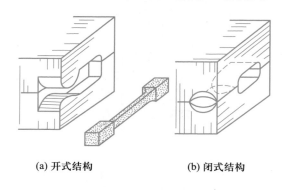

(a) 开式结构　　　　　　　　(b) 闭式结构

图 6-10
拔长模膛

②滚压模膛。其作用是减小坯料部分横截面积以增加坯料另一部分横截面积，如图 6-11 所示。目的是使金属组织按模锻件形状重新分布。

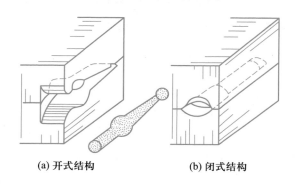

(a) 开式结构　　　　　　　　(b) 闭式结构

图 6-11
滚压模膛

③弯曲模膛。其作用是将坯料轴线由直线变成曲线形状，如图 6-12（a）所示。

④切断模膛。其作用是切断坯料，如图 6-12（b）所示。

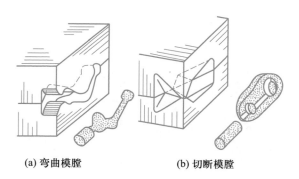

(a) 弯曲模膛　　　　　　　　(b) 切断模膛

图 6-12
弯曲模膛和切断模膛

（2）模锻模膛。分为预锻模膛和终锻模膛两种。

①预锻模膛。使坯料变形到接近于锻件形状和尺寸，以便在终锻成形时金属充模更加

容易，同时减少终锻模膛的磨损，延长锻模的使用寿命。预锻模膛的圆角、模锻斜度均比终锻模膛大，而且不设飞边槽。对于小批量形状简单模锻件，可不设置预锻模膛。

②终锻模膛。使坯料最终变形到结构预期的形状和尺寸。终锻模膛尺寸应比锻件尺寸放大一个收缩量，以抵消冷却后锻件的收缩。分模面上有一圈飞边槽，增加金属从模膛中流出的阻力，促使金属充满模膛，容纳多余金属。靠上下模的凸起部分，很难把带通孔锻件的孔口金属完全挤压去除，孔口部位会留下一层薄金属皮，称为冲孔连皮，如图 6-13 所示。模锻件的飞边和冲孔连皮需在模锻后切除。

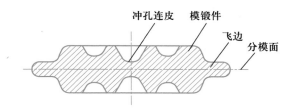

图 6-13
带有冲孔连皮及飞边的模锻件

实际锻造时应根据锻件的复杂程度，相应选择单模膛锻模或多模膛锻模。单模膛锻模是在一副锻模上只有终锻模膛，形状简单的锻件多采用单模膛锻模。多模膛锻模是在一副锻模上有两个以上模膛的锻模，适合形状复杂的锻件。

2. 压力机上模锻

锤上模锻的工艺适应性强，但工作中有振动和噪声，能源消耗多，劳动条件差。近年来，大吨位模锻锤有逐步被压力机取代的趋势。模锻压力机主要有热模锻压力机、平锻机和摩擦压力机等。

1）热模锻压力机上模锻

热模锻压力机是一种比较先进的，便于实现自动化的模锻设备，按其工作机构类型可分为连杆式、双滑块式和楔式等。应用较普遍的是曲柄连杆式热模锻压力机，简称曲柄压力机。曲柄压力机的传动系统如图 6-14 所示。

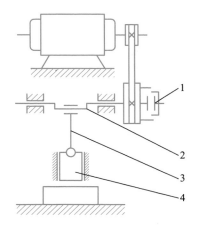

图 6-14
曲柄压力机的传动系统

1- 离合器　2- 曲柄　3- 连杆　4- 滑块

曲柄连杆机构的运动由离合器 1 控制，电动机驱动曲柄 2 旋转，连杆 3 将曲柄的旋转运动转换成滑块 4 的上下往复运动，实现对毛坯的锻造加工。曲柄压力机吨位较大，能锻造质量为 2.5～80kg 的锻件。曲柄压力机上模锻与锤上模锻相比，具有以下优点：

（1）曲柄压力机作用于金属的变形力是静压力，变形抗力由机架本身承受，不传给地基，因此工作中振动小，噪声低，效果好。

（2）可以采用组合式锻模，模膛由多个镶块拼合后与模板连接固装。模具制作简单，镶块容易更换，节省昂贵的模具材料。

（3）金属在模膛中流动缓慢，有利于低塑性合金的变形，如耐热合金、镁合金等。

（4）工作时滑块行程不变，行程由曲柄尺寸决定。锻件尺寸精度高，加工余量小，比锤上模锻节约金属 10%～15%。能锻造出不带模锻斜度的锻件。

（5）一个滑块的往复行程即可完成一个工步的变形，利于实现自动化，生产率高。

但是，由于滑块的行程固定，一次成形量较大，也带来了困难和限制。首先，坯料放入模膛后，滑块单个行程就使上下模闭合，表面氧化皮无法清除而被压入锻件表面，影响锻件质量，也加速模膛磨损。其次，为使复杂形状锻件的金属充满终锻模膛，需要多模膛锻模，使变形逐渐进行。此外，曲柄压力机上不宜进行拔长和滚压等工序，对于横截面变化较大的长轴类锻件，须在专用的辊锻机上制坯或周期性轧压制坯。

综上所述，曲柄压力机上模锻与锤上模锻相比，锻件精度高、生产率高、节省金属、劳动条件好。但由于设备复杂、造价高，曲柄压力机只适合于大批量锻件加工。

2）平锻机上模锻

平锻机是沿水平方向对坯料施加压力的锻造机械，其工作原理与曲柄压力机类似，主滑块作水平运动。平锻机传动系统如图 6-15 所示。电动机通过传动带将运动传给带

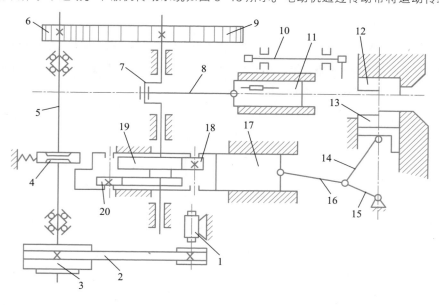

图 6-15
平锻机传动系统

1- 电动机　2- 传动带　3- 带轮　4- 离合器　5- 传动轴　6- 小齿轮　7- 曲柄
8- 连杆　9- 大齿轮　10- 挡料板　11- 主滑块　12- 固定模　13- 活动模
14，15，16- 连杆系统　17- 副滑块　18，20- 导轮　19- 凸轮

轮，带轮与离合器一起安装在传动轴上，经传动轴另一端的齿轮将运动传给曲柄。曲柄的旋转运动，一方面推动主滑块带着凸模前后往复运动，另一方面又使凸轮旋转，凸轮通过导轮驱动副滑块运动，副滑块通过连杆系统带动活动模移动，实现锻模的闭合或开启。平锻机吨位一般为 500～3 150kN，可加工直径为 25～230mm 棒料。

平锻机上模锻具有曲柄压力机上模锻的全部特点，同时又有自身的优势：

（1）锻模由固定模、活动模和凸模三部分组成，锻模有两个分模面。其模锻过程如图 6-16 所示，在曲柄旋转一周内完成锻件的头部成形。由于锻模有两个分模面，扩大了模锻的适用范围，可以锻造出侧面带有凸台或凹槽的锻件。

（2）用于对坯料进行局部变形，可以锻造超长棒料，也可以锻造出曲柄压力机上难以锻造的带头长杆件，如汽车半轴、倒车齿轮等锻件。

（3）锻件飞边小，冲孔件无连皮，外壁无斜度，材料利用率高。

（4）锻件尺寸精度高，表面粗糙度值低，生产率高，每小时可生产 400～900 件。

平锻机上模锻特别适合局部镦粗和冲孔，通用性不如锤上模锻和曲柄压力机上模锻，不易锻造非回转体及中心不对称锻件。平锻机造价较高，超过了曲柄压力机，只适合于大批量生产。

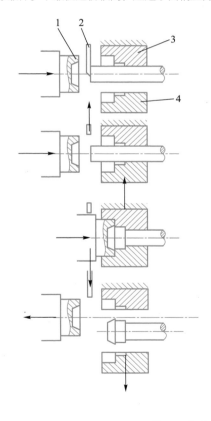

图 6-16
平锻机上模锻过程

1- 凸模　2- 挡料板　3- 固定模　4- 活动模

3）摩擦压力机上模锻

摩擦压力机是介于模锻锤与曲柄压力机之间的一种锻压设备，其工作原理示意图如图 6-17 所示。锻模分别在滑块和机座上，滑块和机座相连只能沿导轨作上下滑动。两个圆轮装在同一根轴上，由电动机带动传动带使圆轮轴在机架的轴承中旋转。螺杆穿过固定在机架上的螺母，上端装有飞轮。通过操纵系统，可使圆轮轴沿轴向左右移动，与飞轮接触，通过摩擦力带动飞轮旋转，螺杆也随飞轮在固定螺母的约束下带动滑块作上下运动。在滑块向下移动过程当中，运动速度持续增大，下降到一定位置后，通过操纵系统使飞轮与圆轮脱开，依靠飞轮、螺杆和滑块向下运动所积蓄的动能来实现模锻。目前吨位为 3 500kN 的摩擦压力机使用较多，其最大吨位可达 10 000kN。

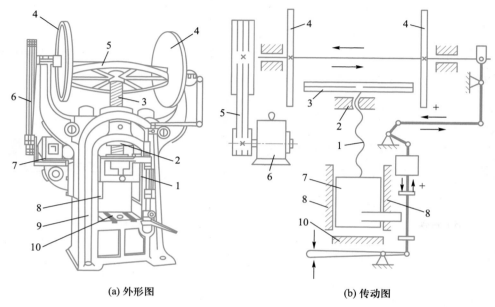

(a) 外形图　　　　　　　　　　(b) 传动图

图 6-17
摩擦压力机工作原理示意图

1- 滑块　2- 螺母　3- 螺杆　4- 圆轮　5- 飞轮
6- 传动带　7- 电动机　8- 导轨　9- 机架　10- 机座

摩擦压力机本身具有如下结构特点：工作过程中，滑块以 0.5～1.0m/s 的速度向下运动，使坯料变形；工作过程中冲击作用较弱，模具寿命较高；与模锻锤类似，滑块行程可以控制；坯料变形中的抗力由机架控制，形成封闭力系，有压力机的特点；带有顶件装置，锻后顶出锻件。

摩擦压力机上模锻的特点如下：

（1）滑块行程不固定，工艺适应性广，能实现轻压与重压，在一个模膛内能完成多次锻打。不仅满足模锻成形工序的要求，而且可以进行弯曲、热压、精压、切飞边、冲连皮及校正工序，但生产率相对较低。

（2）滑块运动速度较低，确保金属变形过程与再结晶过程都能充分进行。因此，有利于低塑性金属的变形，特别适合低塑性的合金钢和非铁金属合金（如铜合金）。

（3）锻模可以采用整体式，也可以采用组合式，这样使模具的设计制造过程相对简单，节约材料并降低生产成本。能锻造出形状复杂、工艺余量和模锻斜度都小的锻件，提高锻件精度。

（4）传动螺杆承受偏心载荷的能力差，一般只适用于单膛模锻。

由于以上特点，摩擦压力机上模锻适合于中小型锻件的小批量或中等批量生产。此外，摩擦压力机具有结构简单、造价低、投资少、使用维修方便、基建要求不高、工业应用广泛等优点，用它可以代替模锻锤、曲柄压力机和平锻机进行生产。

3. 胎模锻

胎模锻是在自由锻设备上利用可移动的胎模生产模锻件的方法。胎模锻一般采用自由锻方法制坯，然后在胎模中最后成形。胎模不固定在锤头或砧座上，在需要时将胎模放上去。胎模种类较多，主要有扣模、套筒模和合模三种。

1）扣模

扣模结构一般由上下扣组成，或上扣由上砧代替。扣模锻造时坯料不转动，对坯料进行全部或局部扣形。扣模主要用于生产长杆非回转体锻件，或用来为合模锻造制坯。

2）套筒模

套筒模也称套模，有开式和闭式两种结构。开式套模只有下模，上模由上砧代替，金属在模膛内成形，上端面形成横向小飞边。开式套模主要用于生产回转体锻件（齿轮、法兰盘等）。闭式套模由模筒、上模垫、下模垫等组成，下模垫也可由下砧代替。改变模垫端面的形状就可生产出端面带有凸台或凹坑的回转体锻件。

3）合模

合模结构由上模和下模两部分组成。为使上下模锻造时不产生错移，设置必要的导向装置。导向装置一般有导销、导柱等组成，在模膛周围开设有飞边槽。合模通用性较广，多用于生产形状复杂的非回转体锻件（叉形件、连杆等）。

胎模锻兼有自由锻和模锻的部分优点：与自由锻相比，胎模锻操作简单，生产率较高。锻件尺寸精度高，表面粗糙度值低，节约金属，降低成本；与模锻相比，胎模锻利用自由锻设备，不需要贵重的模锻设备，并且胎模制造简单、使用方便、成本低。但是，胎模锻的锻件尺寸精度及生产率不如模锻件，锻造时胎模受到的冲击大，模具寿命低，工人劳动强度大。胎模锻适合于中小批量锻件生产，在缺少模锻设备的中小型工厂中应用较广。

4. 模锻件的结构工艺性

对模锻件的结构设计，一般原则如下：

（1）模锻件上应具有一个合理的分模面，确保模锻成形后容易从锻模中取出。同时应使敷料最少，金属易于充满模膛，锻模容易制造。

（2）模锻件尺寸精度高，表面粗糙度值低。对于配合表面，需要预留加工余量；对于非配合表面，应设计成非加工表面。

（3）对于模锻件上和分模面垂直的非加工表面，应设计出模锻斜度。表面交汇处按圆角设计。

（4）模锻件外形应力求简单、平直和对称，使金属容易充满模膛。

（5）模锻件结构应避免窄沟、深槽、薄壁、高筋、高台和深孔等，以利于模具制造，延长模具寿命。

（6）形状复杂的锻件应采用锻—焊或锻—机加的连接方法，减少敷料以简化工艺。

微课
模膛锻造成形

6.3　金属冲压方法

金属冲压是利用装在冲床上的冲模对金属板料施加压力，使金属变形或分离，从而获得零件或毛坯的加工方法。金属冲压的坯料通常都是较薄的金属板料，工作时不需加热，故又称为薄板冲压或冷冲压，简称冷冲或冲压。

金属冲压与锻造和其他加工方法相比，具有如下特点：

（1）常温下通过塑性变形对金属板料进行加工，因此原材料必须具有足够的塑性和较低的变形抗力。

（2）金属板料经过塑性冷变形强化作用获得一定的几何形状，具有结构轻巧、强度与刚度较高的优点。

（3）冲压件尺寸精度高、质量稳定、互换性好，一般不再进行切削加工，即可直接作为零件使用。

（4）冲压生产操作简单，生产率高，便于实现机械化和自动化。

（5）冲压模具结构复杂，精度要求高，制造费用高。在大批量生产的条件下，采用冲压加工方法，具备规模化经济性优势。

金属冲压是机械制造中的重要加工方法之一，在现代工业中得到广泛应用，特别是在汽车制造、拖拉机、电机电器、仪器仪表、兵器及日用品生产等领域。

6.3.1　冲压设备

金属冲压的常见设备是剪床和冲床。

1. 剪床

剪床用于把板料切成所需宽度的条料，供冲压工序使用。如图 6-18 所示是斜刃剪床的外形及传动机构，电动机 4 通过带轮使轴 3 转动，再通过齿轮传动及离合器 1 使曲轴 2 转动，带有刀片的滑块 5 垂直运动，执行剪切任务。6 为工作台，7 是滑块制动器。生产中，常用剪床还有平刃剪床、圆盘剪床等。

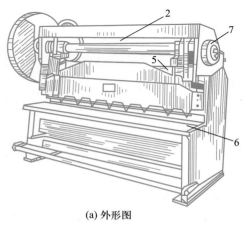

(a) 外形图

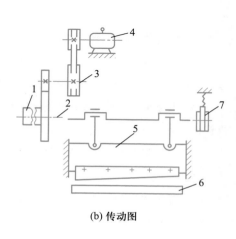

(b) 传动图

图 6-18
斜刃剪床的外形及传动机构

1- 离合器　2- 曲轴　3- 轴　4- 电动机　5- 滑块　6- 动作台　7- 滑动制动器

2. 冲床

冲床的种类较多，主要有单柱冲床、双柱冲床和双动冲床等。如图6-19所示是单柱冲床外形及传动示意图。电动机5带动飞轮4通过离合器3与单拐曲轴2相接，飞轮可在曲轴上自由转动。曲轴的另一端则通过连杆8与滑块7连接。工作时，踩下踏板6，离合器将使飞轮带动曲轴转动，滑块做上下运动。放松踏板，离合器脱开，制动闸1立刻停止曲轴转动，滑块停留在待工作位置。

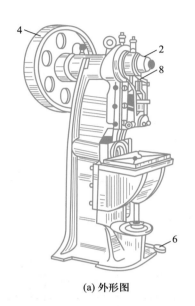
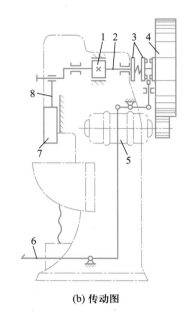

(a) 外形图   (b) 传动图

图6-19
单柱冲床外形及传动示意图

1- 制动闸　2- 曲柄　3- 离合器　4- 飞轮　5- 电动机　6- 踏板　7- 滑块　8- 连杆

6.3.2　金属冲压的基本工序

金属冲压的基本工序有冲裁、弯曲、拉深和成形等。

1. 冲裁

冲裁是使板料沿封闭的轮廓线分离的工序，包括冲孔和落料。两个工序的坯料变形过程和模具结构都是一样的，二者的区别在于冲孔是在板料上冲出孔洞，被分离的部分为废料，而周边是带孔的成品；落料中被分离的部分是成品，周边是废料。

冲裁时板料的变形和分离过程，如图6-20所示。凸模和凹模的边缘都带有锋利的刃口。凸模向下运动压住板料时，板料受到挤压，产生弹性变形并进而发生塑性变形。上下刃口附近材料内的应力超过一定限度后，就开始出现裂纹。随着冲头（凸模）继续下压，上下裂纹逐渐向板料内部扩展直至汇合，板料即被切离。

冲裁后的断面可明显地区分为光亮带、剪裂带、圆角和毛刺四部分。其中光亮带具有最好的尺寸精度和表面质量，其他三个区域的表面质量较差，尤其是毛刺区最差，显著降低冲裁件质量。四个部分的尺寸比例与材料性质、板料厚度、模具结构尺寸、刃口锋利程度等冲裁条件有关。为了提高冲裁质量，简化模具制造，延长模具寿命及节省材料，设计

131

冲裁件及冲裁模具时应考虑以下几个方面内容。

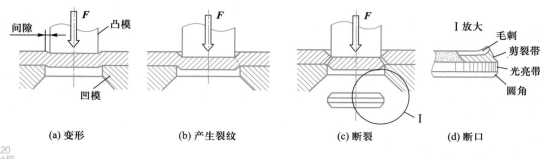

图 6-20
冲裁过程

(a) 变形　　　　(b) 产生裂纹　　　　(c) 断裂　　　　(d) 断口

（1）冲裁件的尺寸和形状。在满足使用要求的前提下，应尽量简化结构，采用圆形、矩形等规则形状，便于使用通用机床加工模具，从而减少钳工修配的工作量。线段相交处尽量用圆弧过渡。冲圆孔时，孔径不得小于板料厚度 δ。冲方孔时，孔的边距不得小于 0.9δ，孔与孔之间或孔与板料边缘的距离不得小于 δ。

（2）模具尺寸。冲裁件的尺寸精度依靠模具精度来保证。凸凹模间隙对冲裁件断面质量具有重要影响，其合理间隙值如表 6-3 所示。在设计冲孔模具时，应使凸模刃口等于所要求孔的尺寸，凹模刃口尺寸则是孔尺寸加上两倍的间隙值。设计落料模具时，则应使凹模刃口尺寸为成品尺寸，凸模则减去两倍的间隙值。

表 6-3　冲裁模的合理间隙值

材料种类	材料厚度 δ/mm				
	0.1～0.4	0.4～1.2	1.2～2.5	2.5～4.0	4.0～6.0
黄铜、低碳钢	0.01～0.02	(7～10)%δ	(9～12)%δ	(12～14)%δ	(15～18)%δ
中高碳钢	0.01～0.05	(10～17)%δ	(18～25)%δ	(25～27)%δ	(27～29)%δ
磷青铜	0.01～0.04	(8～12)%δ	(11～14)%δ	(14～17)%δ	(18～20)%δ
铝及铝合金（软）	0.01～0.03	(8～12)%δ	(11～12)%δ	(11～12)%δ	(11～12)%δ
铝及铝合金（硬）	0.01～0.03	(10～14)%δ	(13～14)%δ	(13～14)%δ	(13～14)%δ

（3）冲压件的修整。修整工序是利用修整模沿冲裁件的外缘或内孔，切去一薄层金属，以除去塌角、剪裂带和毛刺等，从而提高冲裁件的尺寸精度和表面质量。只有当对冲裁件的质量要求较高时，才需要增加修整工序。在专用的修整模上完成修整工序，模具间隙约为 0.006～0.01mm。修整时单边切除量约为 0.05～0.2mm，修整后的切面粗糙度值 Ra 可达 1.25～0.63μm，尺寸精度可达 IT6～IT7。

2. 弯曲

弯曲是将平直板料折弯成一定角度和圆弧的工序，如图 6-21 所示。弯曲时，坯料外侧金属受拉应力作用，发生伸长变形；坯料内侧金属受压应力作用，产生压缩变形。两个应力一应变区之间存在一个不产生应力和应变的中性层，位置在板料中心部位。当外侧的拉应力超过材料的抗拉强度时，会产生弯裂现象。坯料越厚，内弯曲半径 r 越小，坯料的压缩和拉伸应力越大，越容易弯裂。为防止弯裂，弯曲模的弯曲半径要大于限定的最小弯

曲半径 r_{min}，通常取 $r_{min}=（0.25\sim1）\delta$。弯曲线和坯料纤维方向垂直能防止开裂，有利于提高零件的使用性能。

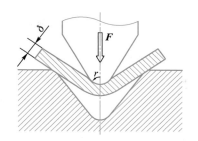

图 6-21
弯曲过程

塑性弯曲和塑性变形一样，外加载荷作用下，板料产生的变形由弹性变形和塑性变形两部分组成。当外加载荷去除后，塑性变形保留下来，但弹性变形部分则要恢复，从而使板料产生与弯曲方向相反的变形，这种现象称为弹复，又称回弹。弹复后，弯曲角减小（由 α 变为 α'），弯曲半径增大（由 r 变为 r'）。弹复的程度通常以弹复角 $\Delta\alpha$ 表示：

$$\Delta\alpha=\alpha-\alpha'$$

显然，弹复现象会影响弯曲件的尺寸精度。弹复角大小与材料的力学性能、弯曲半径、弯曲角等因素有关。材料的屈服强度越高、弯曲半径越大（即弯曲程度越轻），则在整个弯曲过程中，弹性变形所占比例越大，弹复角越大。这就是曲率半径大的零件，不易弯曲成形的道理。此外，在弯曲半径不变的条件下，弯曲角越大，变形区的长度就越大，因而，弹复角也更大。

为了克服弹复现象对弯曲零件尺寸的影响，通常采取的措施是利用弹复规律，增大凸模下压量，或适当改变模具尺寸，使弹复后达到零件要求的尺寸。通过改变弯曲时的应力状态，能把弹复现象限制在最小范围内。

3. 拉深

拉深过程如图 6-22 所示。原始直径为 D 的板料，经拉深后变成内径为 d 的杯形零件。凸模压入过程中，发生坯料变形和厚度变化，拉深件的底部一般不变形，厚度基本不

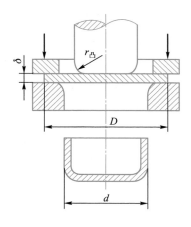

图 6-22
拉深过程

变。其余环形部分的坯料经过变形成为空心件的侧壁，厚度有所减小。侧壁与底部之间的过渡圆角部位被严重拉薄，拉深件的法兰部分厚度有所增加。拉深件的成形是金属材料产生塑性流动的结果，坯料直径越大，空心件直径越小，变形程度越大。

拉深件最容易产生的缺陷是拉裂和起皱。侧壁与底部的过渡圆角处是拉裂的危险部位。为使拉深过程正常进行，必须把底部和侧壁的拉应力限定在不使材料发生塑性变形的限度内，而环形区内的径向拉应力，则应达到并超过材料的屈服极限。任何部位的应力总和都必须小于材料的强度极限，否则就会造成拉穿缺陷。起皱是拉深时坯料的法兰部分受到切向压应力的作用，使整个法兰产生波浪形的连续弯曲现象。环形变形区内的切向压应力很大，很容易使板料产生皱褶现象，从而造成废品。为此，采取如下措施：

（1）拉深模具的工作部分加工成圆角。圆角半径 $r_凹$=10δ，$r_凸$=（0.6~1）$r_凹$。

（2）控制凸模与凹模之间的间隙 Z=（1.1~1.5）δ。间隙过小，容易刮伤工件表面，降低模具寿命。

（3）正确选择拉深系。板料拉深时的变形程度通常用拉深系数 m 表示：

$$m=d/D$$

式中：d——拉伸后的工件直径，mm；

　　　D——坯料直径，mm。

拉深系数越小，拉深件直径越小，变形程度就越大，很容易产生拉裂的废品。拉深系数一般不要低于 0.5~0.8，塑性好的材料可取下限值。

（4）为了减少由于摩擦引起的拉深件内应力增加及减少模具磨损，拉深前要在工件上涂润滑剂。

（5）为防止产生皱褶，通常都用压边圈将工件压住。压边圈上的压力不宜过大，能压住工件不致起皱即可。

4. 成形

成形是使板料或半成品改变局部形状的工序，包括压肋、压坑、胀形和翻边等。

1）压肋和压坑（包括压字、压花）

压肋和压坑是压制出各种形状凸起和凹陷的工序。采用的模具有刚模和软模两种。如图 6-23 所示是刚模压坑示意图。与拉深不同，此时只有冲头下的一小部分金属在拉应力作用下产生塑性变形，其余部分的金属并不发生变形。如图 6-24 所示是软模压肋

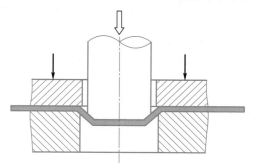

图 6-23
刚模压坑示意图

示意图，软模是用橡胶等柔性物体代替一半模具，可以简化模具制造，冲制形状复杂的零件。但软模块使用寿命短，需经常更换。此外，也可采用气压或液压成形。

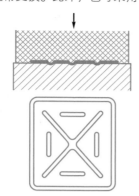

图 6-24
软模压肋示意图

2）胀形

胀形是将拉深件轴线方向上局部区段的直径胀大，可在刚模或软模上进行。刚模胀形示意图如图 6-25 所示，由于芯子 2 的锥面作用，分瓣凸模 1 在压下的同时沿径向扩张，使工件 3 胀形。顶杆 4 将分瓣凸模顶回到起始位置后，即可将工件取出。显然，刚模的结构和冲压工艺都比较复杂，采用软模则简便得多。因此，软模胀形（如图 6-26 所示）得到广泛应用。

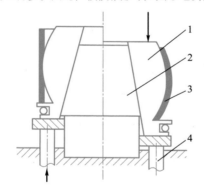

图 6-25
刚模胀形示意图

1- 分瓣凸模　2- 芯子　3- 工件　4- 顶杆

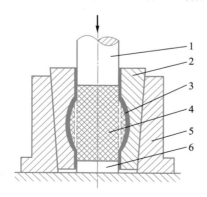

图 6-26
软模胀形示意图

1- 凸模　2- 凹模　3- 工件　4- 橡胶　5- 外套　6- 垫块

3）翻边

翻边是在板料或半成品上，沿曲线翻起竖立边缘的冲压工序。按变形的性质，翻边可分为伸长翻边和压缩翻边。当翻边在平面上进行时，称平面翻边；当翻边在曲面上进行时，称曲面翻边，如图 6-27 所示。孔的翻边是伸长类平面翻边的一种特定形式，又称翻孔。翻孔过程如图 6-28 所示。翻边工序提高了冲压件的刚度并且形成了更加合理的空间形状。

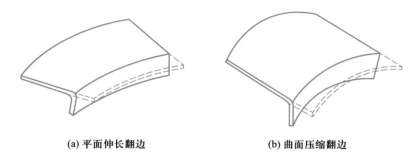

(a) 平面伸长翻边　　　　　　　**(b) 曲面压缩翻边**

图 6-27
翻边示意图

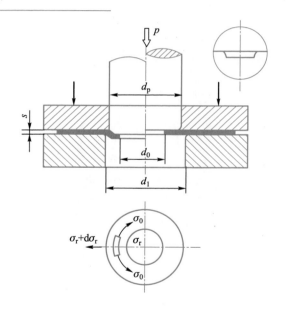

图 6-28
翻孔过程

6.3.3　金属冲压件结构工艺性

冲压件结构设计除应满足装配工艺要求外，还必须具有良好的工艺性能，以减少材料消耗、延长模具使用寿命、保证产品质量、提高生产率和降低成本。

1. 冲压件的形状及尺寸

1）对冲裁件的要求

（1）冲裁件的外形要力求简单对称，尽可能采用圆形、矩形等规则形状，以便排样时能将废料降至最低。冲裁件排样分为有搭边排样和无搭边排样两种类型。无搭边排样是利用落料件形状的一个边作为另一个落料件的边缘。这种排样的优点是材料利用率高，但落料件尺寸稳定性不佳，毛刺不在同一个平面上，对落料件质量要求不高时可以采用。有搭边排样是指在各个落料件之间，均预留有一定尺寸的搭边，其优点是模具受力均匀，落料尺寸准确，毛刺少，质量高，但材料消耗多。

（2）避免长槽或长悬臂结构，否则模具制造困难、寿命低；结构上多采用圆角代替尖角，防止应力集中；孔与沟槽尽量在变形工序前的平板坯料上冲出。

2）对拉深件的要求

（1）拉深件外形应简单对称，从而减少拉深次数，有利于降低模具制造难度并延长模具使用寿命。

（2）拉深件存在最小许可圆角半径，否则容易拉裂，这必将增加拉深次数或整形工作。模具数量增多，则成本上涨。

3）对弯曲件的要求

（1）弯曲半径不能小于坯料的最小弯曲半径，弯曲件的形状应尽量对称。

（2）弯曲边尺寸过短则不易成形，受弯曲边的平直部分 $H>2\delta$，孔也不宜距弯曲边太近，否则孔结构容易改变。

2. 简化工艺、节省材料的设计

（1）采用冲压－焊接结构。复杂形状的工件可先冲压成若干个简单制件，然后再焊接成整体。这样既省工省料，又结构轻巧。

（2）采用冲口工艺。冲口工艺可替代铆接或焊接结构，以节省材料，简化工艺，降低成本。

（3）采用加强肋结构。利用冷变形强化，采用加强肋结构实现薄板代替厚板。

3. 冲压件的精度要求

对冲压件的精度要求，不要超过各冲压工序所能达到的一般精度：落料精度为IT10；冲孔精度为IT9；弯曲精度为IT10～IT9；拉深高度精度为IT10～IT8，整修后精度可达IT7～1T6；拉深直径精度为IT9～IT8，厚度精度为IT10～IT9。

对冲压件表面质量的要求应避免高于原材料的表面质量，否则将增加切削加工等工序，使成本大幅提高。

6.4 金属其他塑性成形方法

随着工业生产的不断发展，人们对压力加工成形提出了越来越高的要求，不仅要求能够生产各种毛坯，而且要求能够直接生产出具有较高精度的高质量成品零件。在这种需求情况下，新型压力加工方法在生产实践中得到了迅速发展和广泛的应用，例如精密模锻、精密冲裁、挤压成形等。

6.4.1 精密模锻

精密模锻是在模锻设备上锻造出形状复杂、精度较高锻件的锻造工艺。如精密锻造锥齿轮，其齿形部分可直接锻出而不必再切削加工。精密模锻件尺寸精度可达 IT15～IT12、表面粗糙度值 Ra 可达 3.2～1.6μm 保证精密模锻的措施如下：

（1）精确计算坯料尺寸，按坯料质量下料，否则会增大尺寸公差，降低精度。

（2）仔细清理坯料表面，除净坯料表面的氧化皮、脱碳层及其他缺陷等。

（3）采用少无氧加热法，尽量减少坯料表面形成的氧化皮。

（4）制造高精度的锻模，精锻模膛的精度必须比锻件精度高两级。精锻模应有导柱导套结构，提高合模准确程度；开设排气孔，减小金属的变形阻力，使材料充满模膛。

（5）模锻进行过程中，要充分冷却锻模并润滑结构。

精密模锻一般都在刚度大、运动精度高的设备（如曲柄压力机、摩擦压力机、高速锤等）上进行，它具有精度高、生产率高、成本低等优点。

6.4.2 精密冲裁

精密冲裁是利用特殊结构的模具，直接在板料上冲出断面质量优良且尺寸精度高的零件。冲裁件的尺寸精度为 IT7～IT8，表面粗糙度值 Ra 为 2.4～0.4μm。精密冲裁是一项技术经济效果非常好的工艺，已广泛应用于钟表、精密仪表等行业，应用最多的是强力压边精密冲裁，其原理图如图 6-29 所示。精密冲裁时，在齿圈压板的强力压边作用下，毛坯变形区金属处于三向压应力状态，避免常规冲裁过程中发生的"弯曲—拉伸—撕裂"现象。板料在不出现裂纹状况下，以塑性变形方式实现材料分离，获得高质量高精度的冲裁件。

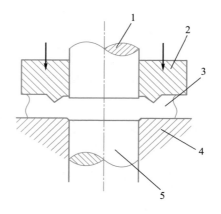

图 6-29
精密冲裁原理图

1- 凸模　2- 齿圈压板　3- 板料　4- 凹模　5- 顶出器

精密冲裁工艺特点如下：

（1）精密冲裁较普通冲裁，增加了 V 形齿圈压板和顶出器。冲裁过程中，压边圈的V 形齿首先压入板料，V 形齿内侧产生指向中心的侧压力，顶杆又从另一面施加反向顶力。凸模下压时，V 形齿圈以内的坯料处于三向受压状态。

（2）采用很小的冲裁间隙。单边间隙可取材料厚度的 0.5%，减小变形金属在冲裁过程中的拉应力。

（3）凹模刃口做成 0.01～0.03mm 的小圆弧，消除刃口部位应力集中，避免出现拉应力引起的宏观裂纹。

（4）精密冲裁的材料必须具有良好塑性，精密冲裁前一般要软化退火处理。

6.4.3　挤压成形

挤压成形是指对挤压模具中的金属锭坯施加强大压力，塑性变形金属从挤压模具的模口流出或者充满凸凹模具型腔，获得所需形状与尺寸制品的塑性成形方法。

挤压成形的特点：

（1）挤压时，金属处于强烈的三向压应力状态，能充分提高金属坯料的塑性，能加工采用锻造等方法难以加工的一些金属材料。可以采用挤压成形工艺的材料，不仅有铜、铝等高塑性的非铁金属，而且还有碳钢、合金结构钢、不锈钢及工业纯铁等。在一定变形量下，某些高碳钢、轴承钢，甚至高速钢等也可以实现挤压成形。对于要进行轧制或锻造的塑性较差材料，如钨和钼等，也可采用挤压法对锭坯进行开坯，组织和性能得到提高。

（2）挤压成形不仅可以生产截面形状简单的管棒类型材，而且还可以生产出截面相对复杂的深孔、薄壁以及变截面类零件。

（3）挤压制品精度较高，表面质量高，一般尺寸精度为IT8～IT9，表面粗糙度值 Ra 为 3.2～0.4μm，从而实现少无切削加工。

（4）挤压变形后零件内部的纤维组织保持连续，沿零件外形分布而不被切断，提高了金属的力学性能。

（5）材料利用率、生产率高，生产方式灵活，易于实现过程自动化。

复习思考题

1.为什么说锻压生产是机械制造中的重要加工方法，它有什么特点？

2.何为塑性变形？叙述单晶体及多晶体塑性变形的原理。

3.金属锻压性能是什么？如何衡量其好坏？影响锻压性能的因素有哪些？

4.试述自由锻的特点和应用。自由锻有哪些基本工序？

5.自由锻设备有哪些？生产中怎么选用？

6.试述模锻的特点和应用。

第7章 金属材料焊接成型

知识目标

（1）掌握：碳钢和铸铁的焊接性能；焊接变形的预防与校正；焊条的组成、种类、牌号与选用原则。

（2）理解：焊接应力及变形产生的原因；常见的焊接缺陷及产生原因。

（3）了解：埋弧焊、氩弧焊、二氧化碳保护焊、氧乙炔焊的原理及应用。

能力目标

（1）掌握焊条电弧焊的基本操作技术。

（2）能根据工件母材的成分、强度和结构选择焊条种类。

（3）选择相应措施控制焊接缺陷和焊接变形。

（4）能根据零件结构进行焊接结构设计。

学习导航

焊接属于重要的机械制造方法，用来连接或维修各种金属结构。焊接的实质是两种金属通过原子或分子间的相互扩散与结合，形成一个不可拆卸的整体构造的过程，可用加热、加压或同时加热加压等方法辅助完成。

焊接在国民经济各个部门得到广泛的应用，50%～60%的钢材是经各种形式焊接而后投入使用的，例如，车辆、船舶、飞机、锅炉、高压容器、大型建筑结构等都需要焊接。

7.1 焊接工艺基础

7.1.1 焊接的种类和特点

1. 焊接的种类

按技术特点，焊接可分为三大类：

（1）熔化焊。利用局部加热方法，将两种焊件的结合处加热至熔化状态并填充金属，待凝固后形成牢固的焊接接头的方法。熔化焊主要有气焊、电弧焊（手工电弧焊、自动埋弧焊、半自动埋弧焊等）、电渣焊、等离子弧焊、气体保护焊（二氧化碳气体保护焊、氩弧焊）及激光焊等。

（2）压力焊。利用加压（或同时加热）使两焊件结合面紧密接触并产生一定量塑性变形，形成焊接接头的方法。压力焊主要有电阻焊（包括对焊、点焊、缝焊）、摩擦焊、气压焊、超声波焊等。

（3）钎焊。加热焊接工件和作为填充金属的钎料，焊件金属不熔化，待熔点低的钎料熔化后渗透到焊件接头之间与固态的被焊金属相互溶解和扩散，钎料凝固后将两工件焊接在一起的方法。钎焊主要有烙铁钎焊、火焰钎焊和高频钎焊等。

常用焊接分类如图 7-1 所示。

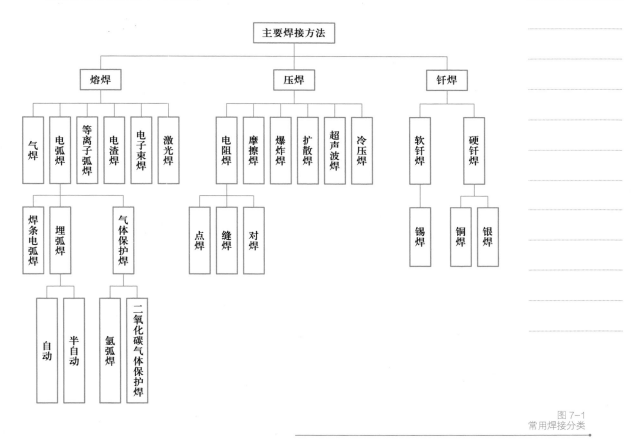

图 7-1
常用焊接分类

2. 焊接的特点

优点：

（1）减轻结构重量，节省金属，降低成本。

（2）节约工时，生产率高。

（3）便于自动化与机械化。

（4）接头致密程度不高，但可通过控制工艺提高焊接质量。

缺点：

（1）焊接属于局部加热方式，容易产生焊接应力和变形。

（2）焊接结构不可拆，维修和更换不方便。

（3）焊接接头组织性能变坏，易产生接头缺陷。

7.1.2　焊接冶金原理

1. 焊接电弧

　　焊接电弧是一种在两电极间或电极与焊件之间的气体介质中发生的放电现象，该过程强烈持久，放电能量来自于电源。

　　当使用直流电焊接时，焊接电弧由阳极区、弧柱和阴极区三部分组成，如图 7-2 所示。电弧中各部分产生的热量和温度分布都不相同。热量主要集中在阳极区，占电弧总热量的 43%，阴极区热量占 36%，其余 21% 是由电弧中带电微粒相互摩擦产生。电弧中阳极区和阴极区的温度因电极材料不同而有所不同。焊件厚壁零件，采用直流弧焊电源焊接时，必须提供足够热量才能快速熔化，建议将焊件接电源正极、焊条接负极，这种接法称为正接法。焊接薄钢板及非铁金属时，要求熔深较浅，建议将焊条接正极，焊件接负极，这种接法称为反接法。当使用交流弧焊电源焊接时，由于极性是交替变化的，则两个极区的温度和热量分布基本相等。

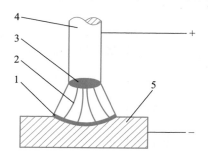

图 7-2
焊接电弧的组成

1- 阳极区　2- 弧柱　3- 阴极区　4- 焊条　5- 焊件

2. 焊接的理化过程及特点

　　焊接过程中，熔化金属、熔渣和气体间进行着复杂的高温物理化学反应，称为焊接理化过程（或焊接冶金过程）。

　　1）理化特点

　　（1）焊接电弧和熔池金属的温度高于一般的冶炼温度，金属烧损严重，产生有害杂质较多。

　　（2）金属熔池体积小，周围全是冷金属，因此凝固速度非常快，各种反应均为非平衡反应，容易产生化学成分不均、气体和夹渣等缺陷。

　　针对以上问题，提高焊缝质量的有效措施如下：

　　（1）形成有效保护，限制空气浸入焊接区。焊条药皮、自动焊熔剂和惰性保护气体能起到保护作用。

　　（2）在焊条药皮（或焊剂）中加入有益合金元素（铁、锰等）改善焊缝的化学成分。

　　（3）在药皮或焊剂中加入锰铁、硅铁等进行脱氧、脱硫和脱磷。

　　2）理化反应

　　（1）金属氧化。焊接过程中，空气中的氧气等气体在电弧高温作用下发生分解，形成原子并与金属和碳发生反应。焊接过程中的金属氧化产物见表 7-1。

表 7-1　焊接过程中的金属氧化产物

氧化	产物
Fe+O	FeO
C+O	CO
Mn+O	MnO
Si+2O	SiO_2
2Cr+3O	Cr_2O_3

上述反应的结果，使 Fe、C、Mn、Si、Cr 等元素大量烧损，产生的氧化物等熔渣来不及析出而残留在焊缝中，使焊缝金属含氧量增大，机械性能降低。

氮、氢元素也会影响焊缝金属的机械性能。氮在高温下溶解到液态金属中，熔池冷凝时就会产生氮气孔而降低焊缝金属的性能，氮还能与铁化合生成 Fe_4N、Fe_2N，加大了焊缝的脆性。氢在熔池冷凝时未析出而残留在焊缝中，同样也会加大焊缝的脆性。

（2）焊缝脱氧。要提高焊缝质量，脱氧、脱硫、脱磷和去氢等措施也是非常必要。常用脱氧方法是加入锰铁、硅铁、钛铁和铝铁等脱氧剂。

7.2　金属焊接方法

7.2.1　手工电弧焊

手工电弧焊是利用电弧放电时产生的热量来熔化焊条和焊件，从而获得牢固焊接接头的方法。手工电弧焊是焊接中最基本的方法。

1. 手工电弧焊设备和工具

1）手工电弧焊设备

手工电弧焊设备分为直流弧焊机和交流弧焊机两类。直流弧焊机又有弧焊发电机和弧焊整流器两种。

（1）直流弧焊发电机。由一台异步电动机和一台弧焊发电机组成，为了获得陡降特性，通常利用磁场或电枢反应的相互作用来调节电流，此种直流弧焊机有结构复杂、噪声大、成本高及维修较困难等缺点。常用的有 AX-320、AX1-500 型直流弧焊机，弧焊发电机如图 7-3 所示。

图 7-3
弧焊发电机

（2）弧焊整流器是一种将交流电经过变压与整流转换成直流电的弧焊设备，它与直流弧焊发电机相比，具有重量轻、结构简单、噪声低、维护方便。有代替部分弧焊发电机的趋势，其外形如图 7-4 所示。

图 7-4
弧焊整流器外形

（3）交流弧焊机是一种具有下降外特性的降压变压器，是手工电弧焊的常用设备。焊接空载电压为 60～80V，工作电压为 20～30V，短路时焊接电压会自动降低，趋近于零，使短路电流不致过大，电流调节范围可从十几安到几百安。常用的有 BX-500、BX1-300 交流弧焊机，其外形如图 7-5 所示。交流弧焊机的结构简单，制造方便，成本低，使用可靠，维修方便，但电弧稳定性比直流弧焊机差。

图 7-5
交流弧焊机外形

2）手工电弧焊工具

手工电弧焊工具有电焊钳、电缆、面罩、焊条保温筒和干燥筒等。

（1）焊钳用于夹持焊条和传导电流。有良好的导电性，不易发热，重量轻，容易夹持焊条，更换方便，常用的有 300A 和 500A 两种规格，如图 7-6 所示。

图 7-6
焊钳

（2）电缆用于连接焊条、焊接件、焊接机，传导焊接电流。外表必须良好绝缘，缆芯导电性能良好，按使用电流大小选择规格。通常电缆长度不超过 20～30m，中间接头不超过 2 个，接头处要保证绝缘可靠。

（3）面罩用于保护面部并遮挡飞溅的金属和弧光，分为头戴式和手持式两种。护目玻璃用来减弱弧光强度，吸收大部分红外线和紫外线，按焊接电流大小选择护目玻璃的颜色与深浅，如图 7-7 所示。

图 7-7
面罩

（4）焊条保温筒用于加热存放焊条，达到防潮目的。干燥筒中盛放干燥剂，防止焊条受潮。

（5）其他工具还有手锤和钢丝刷等。

2. 焊条

手工电弧焊的焊条由焊芯和药皮两部分组成。焊条中被药皮包覆的金属芯称为焊芯，起导电和填充焊缝金属的作用。压涂在焊芯表面的涂料层称为药皮，用于保证焊接顺利进行并生成质量良好的焊缝金属。焊条前端药皮有 45º 左右的倒角，便于引弧，尾部有一段裸焊芯，占焊条总长的 1/16，便于焊钳夹持，充分导电，如图 7-8 所示。

图 7-8
焊条的组成

1）焊芯

焊芯（焊丝）经过特殊冶炼而成，含碳量较低（一般 $w_C \leqslant 0.1\%$），杂质较少。焊芯直径（即焊条直径）有 1.6、2.0、2.5、3.2、4.0、5.0、6.0（mm）等几种，其长度（即焊条长度）一般为 250～450mm，部分碳钢焊条规格见表 7-2。

表 7-2 部分碳钢焊条规格

焊条直径 /mm	2.0	2.5	3.2	4.0	5.0	6.0
焊条长度 /mm	250	250	350	350	400	400
	300	300	400	400	450	450

2）药皮

焊条药皮在焊接过程中，起着极为重要的作用，是决定焊缝金属质量的主要因素之一，药皮的主要作用是：

（1）提高燃弧的稳定性（加入稳弧剂）。

（2）防止空气对熔融金属的有害作用（加入造气剂、造渣剂）。

（3）保证焊缝金属脱氧，并加入合金元素，使焊缝金属的化学成分和力学性能（加入脱氧剂、合金剂）满足要求。

3）电焊条的分类、型号、牌号及选用

（1）电焊条的分类。

电焊条的品种很多，通常按焊条的药皮成分、熔渣的碱度及用途进行分类。

①按焊条药皮的主要成分，可将焊条分为氧化钛型、氧化钛钙形、氧化铁型、纤维素型、低氢型、石墨型及盐基型等。其中，石墨型药皮主要用于铸铁焊条；盐基型药皮主要用于铝及合金等非铁金属焊条。

②按熔渣的碱度，可将焊条分为酸性焊条和碱性焊条两大类。酸性焊条的药皮中含有较多的氧化硅、氧化钛等酸性氧化物，氧化性较强、焊接过程中合金元素烧损较多。焊缝金属的力学性能特别是韧性较差，但电弧稳定件好，可以交直流两用。碱性焊条的药皮中含有较多的大理石和萤石，脱氧、除硫、除磷和除氢，具有较高的塑性和韧性。低氢型焊条是典型的碱性焊条，通常用于焊接重要的结构或刚性较大的结构。

③按用途可分为结构钢焊条、耐热性焊条、不锈钢焊条、堆焊焊条、低温焊条、铸铁焊条、镍及镍合金焊条、铝及铝合金焊条及特殊用途焊条等。

（2）焊条的型号及牌号

①焊条的型号由国家标准规定，是反映焊条主要特性的编号方法。焊条型号编制方法为：字母 E 表示焊条，其后两位数字表示熔敷金属抗拉强度最低值，第 3 位数字表示焊接位置。

②焊条牌号是对焊条产品的具体命名，根据焊条主要用途及性能编制。一种焊条型号可以有多种焊条牌号。牌号通常以一个汉语拼音字母与 3 位数字表示，拼音字母表示焊条用途大类。结构钢焊条牌号中数字的含义见表 7-3。

表 7-3　结构钢焊条牌号中数字的含义

牌号中第一、第二位数字	焊缝金属抗拉强度等级 /MPa	牌号中第三位数字	药皮类型	焊接电源种类
42	420	0	不属已规定类型	不规定
50	490	1	氧化钛型	交直流
55	540	2	氧化钛钙型	交直流
60	590	3	钛铁矿型	交直流
70	690	4	氧化铁型	交直流
75	740	6	低氢钾型	交直流
80	780	7	低氢钠型	直流

（3）焊条的选用

焊条种类很多，选用是否恰当会影响焊接质量、生产率和生产成本。通常应根据焊件的化学成分、力学性能、抗裂性、耐腐蚀性等要求，选用相应的焊条种类。再考虑焊接结构形状、受力情况、工作条件和焊接设备来选用具体型号与牌号。部分结构钢焊条牌号与型号关系及用途见表7-4。

表7-4　部分结构钢焊条牌号与型号关系及用途

牌号	型号	药皮类型	焊接电流	用途
J421	E4313	氧化钛型	交直流	焊接一般低碳钢薄板结构
J421X	E4313	氧化钛型	交直流	用于碳素钢薄板向下立焊及间断焊
J421Fe13	E4324	铁粉钛型	交直流	焊接一般低碳钢薄板结构的高效率焊条
J422	E4303	氧化钛钙型	交直流	焊接较重要的低碳钢结构和同强度等级的低合金钢
J422GM	E4303	氧化钛钙型	交直流	焊接海洋平台、船舶、车辆、工程机械等表面
J422Fe	E4314	铁粉钛钙型	交直流	焊接较重要的低碳钢结构
J427	E4315	低氢钠型	直流	焊接重要的低碳钢及某些低合金钢结构
J427Ni	E4315	低氢钠型	直流	焊接重要的低碳钢及某些低合金钢结构
J501Fel5	E5024	铁粉钛型	交直流	焊接Q245及某些低合金钢结构
J507	E5015	低氢钠型	直流	焊接中碳钢及Q245等重要的低合金钢结构
J507R	E5015-G	低氢钠型	直流	焊接压力容器
J507GR	E5015-G	低氢钠型	直流	焊接船舶、锅炉、压力容器、海洋工程等重要结构

①低碳钢和低合金钢焊件，一般要求母材与焊缝金属强度相同，因此可根据钢材强度等级选择相应焊条。

②对于同一等级的酸性焊条或碱性焊条的选用，应考虑钢板厚度、结构形状、负荷性质和钢材的抗裂性能。通常对要求塑性好、抗裂能力强、低温性能良好的钢材，应选用碱性焊条。受力不复杂，母材质量较好，则选用酸性焊条。

③全位置焊接时，选用钛钙型焊条。力学性能要求不高或焊件清洁有困难时，可选用氧化铁型焊条。

④对特殊性能要求的钢，如耐热钢和不锈钢等以及铸铁、非铁金属，要选择专用焊条，以保证焊缝金属的主要成分与母材相同。

3. 手工电弧焊工艺

1）接头形式

焊件的结构形状、厚度及使用条件决定焊接工艺的接头形式，常用焊接接头形式有对接接头、搭接接头、角接接头及 T 形接头，如图 7-9 所示。

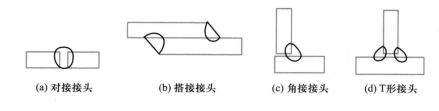

(a) 对接接头　　　(b) 搭接接头　　　(c) 角接接头　　　(d) T 形接头

图 7-9
常用焊接接头形式

2）坡口形式

为了使焊缝根部能焊透，在焊件厚度大于 3～6mm 处开坡口，坡口形式有 I 形、Y形、X 形、I 形、U 形等，常见坡口形式如图 7-10 所示。开坡口时要注意留钝边（沿焊件厚度方向未开坡口的端面部分），以防止烧穿，并留一定间隙使根部焊透。选择坡口与间隙时，主要考虑保证焊透，坡口容易加工，节省焊条且焊后变形量小。

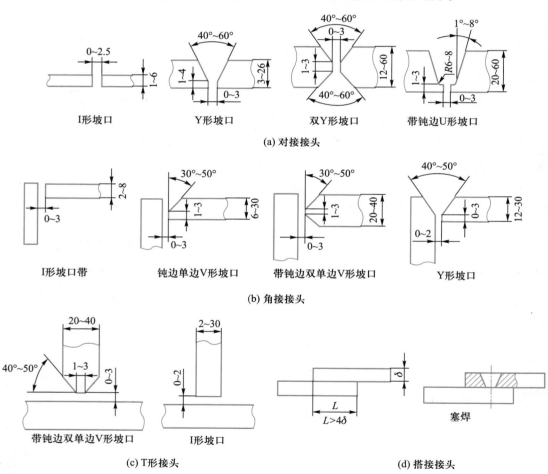

I 形坡口　　　Y 形坡口　　　双 Y 形坡口　　　带钝边 U 形坡口

(a) 对接接头

I 形坡口带　　钝边单边 V 形坡口　　带钝边双单边 V 形坡口　　Y 形坡口

(b) 角接接头

带钝边双单边 V 形坡口　　　I 形坡口

(c) T 形接头

塞焊

(d) 搭接接头

图 7-10
常见坡口形式

3）焊接位置

根据焊缝空间位置的不同，焊接位置可分为平焊、横焊、立焊和仰焊等。平焊操作容易，劳动强度低，熔渣覆盖较好，焊缝质量高，尽量多采用平焊。

4）焊接工艺参数

包括焊条牌号、焊条直径、弧焊电源、焊接电流、电弧电压、焊接速度和焊接层数等。选择合适的工艺参数，对提高焊接质量和生产效率是十分重要的。

（1）焊条直径的选取与焊件的厚度、焊件的位置、焊接层数等因素有关。

①厚度较大的焊件选用直径较大的焊条；反之，薄件选用小直径焊条。

②平焊操作，焊条直径应略大；立焊操作，焊条直径最大不应超 5mm；仰焊、横焊操作时，焊条直径不宜超过 4mm，可减少熔化金属下淌。焊条直径的选择可参考表 7-5 所示参数。

表 7-5　焊条直径的选择

焊件厚度 /mm	≤1.5	2	3	4～6	7～12	≥13
焊条直径 /mm	1.6	2	2.5～3.2	3.2～4.0	4.0～5.0	4.0～6.0

③多层焊接操作，应采用多道焊，防止根部焊不透。采用小直径焊条完成第一层焊道的焊接，其余各层根据焊件厚度选用较大直径的焊条。多层焊接低碳钢及普通低合金钢材质的中厚钢板，每层厚度尽量不大于 4～5mm。

（2）焊接电流是影响接头质量和焊接效率的重要因素。电流过大，会使焊条芯部过热，药皮脱落，焊缝出现咬边、烧穿、焊瘤等缺陷，金属组织因过热而发生变化；电流过小，则容易造成焊不透等缺陷。焊接时决定焊接电流的因素有很多，如焊条类型、焊条直径、焊件厚度、接头形式、焊缝位置和焊接层数等，但主要取决于焊条直径和焊缝位置。

①焊条直径越大，熔化焊条所需要的电弧热能就越多，焊接电流相应增大。焊接电流与焊条直径的关系见表 7-6。

表 7-6　焊接电流与焊条直径的关系

焊条直径 /mm	1.6	2.0	2.5	3.2	4.0	5.0	6.0
焊接电流 /A	25～40	40～65	50～80	100～130	160～210	260～270	260～300

②焊接电流与焊缝位置有关，水平位置焊缝的可操作性强，熔化金属不易淌出，可选用较大的电流。其他位置焊缝焊接，熔化金属易淌出，焊接电流相应要低，一般低 10%～20%。

③焊接电流大小与焊道层次有关。通常焊接打底焊道时，特别是焊接双面成形的焊道时，焊接电流要小些，便于操作和保证背面焊道的质量。

另外，碱性焊条选用的焊接电流比酸性焊条低 10% 左右。不锈钢焊条选用的焊接电流比碳钢焊条选用的焊接电流低 20% 左右。

（3）电弧电压的选择，既要保证焊缝具有适当尺寸和外形，又要保证焊透。电弧电压主要取决于弧长。电弧长，电弧电压高；电弧短，电弧电压低。

（4）焊接速度要灵活掌握。速度过慢，热影响区加宽，晶粒粗大，变形也大；速度过快，易造成焊不透、未熔合、焊缝成形不良等缺陷。

微课
焊接工艺技术

7.2.2　气焊与气割

气焊是在氧气与可燃气体燃烧生成热量的基础上，使焊件和焊丝熔化的焊接方法。

气焊主要是采用氧—乙炔焰。火焰温度比电弧温度低，生产效率低，不如电弧焊应用广泛。但气焊也有优点，例如，热量调节方便，熔池温度、形状及焊缝尺寸等容易控制，设备简单，操作灵活方便，特别适合薄件和铸铁焊补等。

1. 氧—乙炔焰

氧—乙炔焰是乙炔和氧混合后燃烧生成的火焰。氧—乙炔焰的外形温度分布取决于氧和乙炔的体积比，调节比值，可获得 3 种性质不同的火焰，如图 7-11 所示。

（1）中性焰。中性焰也称为正常焰，氧—乙炔体积比为 1.1～1.2。中性焰的温度分布如图 7-12 所示，火焰由焰芯、内焰和外焰组成，内焰温度可达 3 150℃。中性焰是应用最广泛的一种火焰，常用于低碳钢、中碳钢、不锈钢、紫铜、铝及铝合金等金属的焊接。

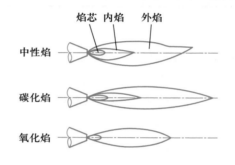

图 7-11
氧—乙炔焰火焰

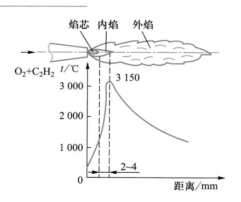

图 7-12
中性焰的温度分布

（2）碳化焰。氧—乙炔体积比低于 1.1。火焰较长，焰心轮廓不清。乙炔过多时，产生黑烟。碳化焰最高温度为 2 700℃～3 000℃，常用于铸铁、高碳钢、高速钢、硬质合金等材料的焊接。

（3）氧化焰。氧—乙炔体积比高于 1.2。焰心短，内焰区消失，整个火焰长度变短，燃烧有力，火焰温度最高可达 3 100℃～3 300℃。火焰有氧化性，影响焊缝质量，应用较少。但焊接黄铜及镀锌薄钢板时，能使熔池表面形成一层氧化薄膜，防止锌的蒸发。

2. 气焊设备及工具

气焊设备及工具包括氧气瓶、减压瓶、乙炔发生器或乙炔瓶、回火防止器或火焰止回器、胶管及焊炬等，如图 7-13 所示。

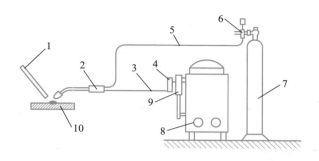

图 7-13
气焊设备及工具

1- 焊丝　2- 焊炬（焊枪）　3- 乙炔胶管　4- 回火防止器　5- 氧气胶管

6- 减压瓶　7- 氧气瓶　8- 乙炔发生器　9- 过滤器　10- 焊件

（1）氧气瓶。氧气瓶用来贮存和运输氧气，是特制的无缝钢瓶。瓶体刷天蓝色油漆并涂印黑色"氧气"字样。注意避免油脂、撞击或受热过高，以防爆炸。

（2）减压器。减压器用来显示氧气瓶内气体的压力，并将瓶内高压气体调节成工作需要的低压气体，保持输入气体的压力与流量稳定。

（3）乙炔发生器。乙炔发生器是利用电石和水相互作用而制取乙炔的设备。

（4）乙炔瓶。乙炔瓶是贮存和运输乙炔的容器。外形同氧气瓶相似，但构造较复杂。瓶体内装有能吸收丙酮的多孔填料。

（5）回火防止器。气焊气割时，燃烧气体回火蔓延到乙炔发生器，就可能发生严重的爆炸事故。回火防止器就是防止乙炔回火的安全装置。

（6）焊炬（焊枪）。焊炬使氧气与乙炔均匀地混合，能调节混合比例，形成适合焊接要求的稳定燃烧火焰，焊炬的外形如图 7-14 所示。

图 7-14
焊炬的外形

（7）胶管。胶管用来输送氧气和乙炔，要求有适当长度（不能短于 5m），能够承受一定的压力。

3. 气焊工艺

气焊可完成平焊、立焊、横焊及仰焊等各种角度位置的焊接，接头形式以对接为主。由于焊件变形较大，应用不多。

火焰的能率主要是根据每小时可燃气体（乙炔）的消耗量（升）来确定的。气体消耗量也受焊嘴的大小影响。焊件越厚，导热性越强，熔点越高，选择的气焊火焰能率越大。焊接低碳钢和低合金钢时，可按下列公式计算：

$$V = (100 \sim 200)\delta$$

式中：V——火焰能率（或乙炔消耗量），L/h；

　　　δ——钢板厚度，mm。

计算出乙炔消耗量后，选择焊炬和焊嘴号数。焊嘴与乙炔消耗量见表 7-7。气焊的焊丝直径取决于焊件的厚度和坡口形式。低碳钢气焊时，一般用直径为 1~6mm 的焊丝。钢板越厚，直径也越大。

表 7-7　焊嘴与乙炔消耗量

焊嘴号码	1	2	3	4	5
乙炔消耗量 / (L/h^{-1})	170	240	280	330	430

气焊工艺能去除焊接过程中产生的氧化物，改善熔池金属流动性，提高焊缝成型质量。除低碳钢无需使用气焊粉外，其他材料气焊时，均应使用气焊粉，例如，F101（粉101）用于不锈钢、耐热钢，F201（粉201）用于铸铁，F301（粉301）用于铜及铜合金，F401（粉401）用于铝合金。

4. 气焊基本操作

（1）点火。点火前要先用氧气吹去气道中灰尘、杂质，再微开氧气阀门，然后打开乙炔阀门，最后点火。这时的火焰是碳化焰。

（2）调节火焰。点火后，逐渐打开氧气阀门，将碳化焰调整为中性焰，同时，按需要把火焰大小调整为合适状态。

（3）灭火。灭火时，应先关乙炔阀门，后关氧气阀门。

（4）回火。焊接中若出现回火现象，应迅速关闭乙炔阀门，再关氧气阀门。回火熄灭后，用氧气吹去气道中烟灰，然后点火使用。

（5）施焊。施焊时，左手握焊丝，右手握焊炬，沿焊缝长度方向进行焊接，焊嘴与焊件的夹角 α 保持在 30°~50° 范围内。

5. 气割

1）气割原理及气割条件

气割是用预热火焰把金属表面加热到燃点，通入氧气使金属氧化燃烧，气体将燃烧生成的氧化熔渣从切口吹掉，从而实现金属切割目的，如图 7-15 所示。为使气割工艺获得平整优质的割缝，被切割金属材料应具备以下几个条件：

（1）金属的燃点应低于其熔点，否则形成熔割，造成切口凹凸不平。

（2）金属氧化物的熔点应低于金属的熔点，否则高熔点氧化物就会阻碍下层金属与氧气接触，导致切割中断。

（3）金属导热性要低。

根据上述条件，含碳量 0.4% 以下的中低碳钢完全可以满足上述条件，顺利切割。含碳量为 0.4%~0.7% 的碳钢，要预热后再进行切割。切割高碳钢和高强度的低合金钢，有淬硬和冷裂倾向，可采取提高预热火焰功率或降低切割速度等措施。

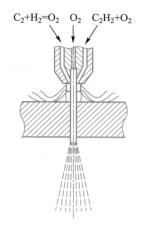

$C_2+H_2=O_2$　　O_2　　$C_2H_2+O_2$

图 7-15
气割示意图

2）气割设备及工具

气割设备与气焊设备基本相同，但割炬与焊炬相比，多一个切割氧气的开关及通道。割嘴中间部分为氧气通道，四周孔呈环状或梅花状，同心布置成预热火焰的喷口，如图 7-16 所示。

图 7-16
割炬

3）气割应用范围

气割具有设备简单、操作方便、切割厚度范围广等优点，广泛应用于碳钢和低合金钢的切割。除用于钢板下料外，还用于铸钢和锻钢件毛坯的切割。

7.2.3　埋弧自动焊

1. 焊接原理

埋弧自动焊是电弧在焊剂层下燃烧的一种熔焊方法，通过机械化装备代替焊条电弧焊的手工操作。焊接电源两极分别接在导电嘴和工件上，熔剂由漏斗管流出，覆盖在工件上，焊丝经送丝轮和导电嘴送至焊接电弧区，焊丝末端在焊剂与工件之间产生电弧，电弧热使焊丝、工件和熔剂熔化，形成熔池。埋弧自动焊机如图 7-17 所示。

2. 焊接的特点及应用

（1）埋弧自动焊特点：埋弧自动焊实现了机械化操作，具有生产率高，焊接质量优良，节省金属和电能，无弧光，无烟雾等优点，但适应性较差。

（2）埋弧自动焊应用：造船、车辆、容器等。

图 7-17
埋弧自动焊机

7.2.4　二氧化碳气体保护焊

1. 焊接原理

二氧化碳气体保护焊分为自动和半自动焊，二氧化碳气体从喷嘴喷出保护熔池，利用电弧热熔化金属，焊丝由送丝轮经导电嘴送进，如图 7-18 所示。

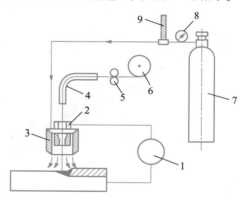

图 7-18
二氧化碳气体保护焊示意图

1- 焊接电源　2- 导电嘴　3- 喷嘴　4- 送丝软管　5- 送丝机构
6- 焊丝盘　7-CO_2气瓶　8- 减压器　9- 流量计

2. 二氧化碳气体保护焊的特点及应用

（1）二氧化碳气体保护焊的特点：具有生产率高，焊接质量好，成本低，操作性能好等优点，但飞溅大，烟雾浓，气孔多，设备昂贵。

（2）二氧化碳气体保护焊的应用：适用于机车、造船、机械加工等。

7.2.5　氩弧焊

1. 熔化极氩弧焊

熔化极氩弧焊焊接时，焊丝本身既是电极起导电、燃弧的作用，又连续熔化起填充焊缝的作用，有自动焊或半自动焊两种。熔化极氩弧焊与二氧化碳气体保护焊相比，具有飞溅少及熔滴过渡形式便于控制的特点。焊接电流较大，适用板材厚在 25mm 以下的焊件，如图 7-19（a）所示。

2. 非熔化极氩弧焊（钨极氩弧焊）

非熔化极氩弧焊是电弧在非熔化极（通常是钨极）和工件之间燃烧，在焊接电弧周围流过一种不和金属起化学反应的惰性气体（常用氩气），形成一个保护气罩，使钨极端部、电弧和熔池及邻近热影响区的高温金属不与空气接触，能防止氧化并吸收有害气体。从而形成致密的焊接接头，其力学性能非常好。焊钢材板采用直流正接法；焊铝、镁合金采用直流反接法或交流电源（交流电将减少钨极损耗），如图 7-19（b）所示。

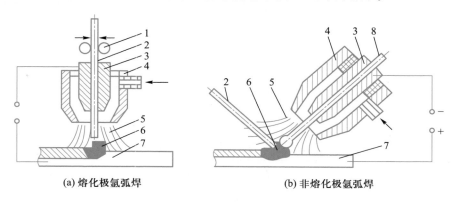

(a) 熔化极氩弧焊　　　　　**(b) 非熔化极氩弧焊**

图 7-19
氩弧焊示意图

1- 送丝轮　2- 焊丝　3- 导电嘴　4- 喷嘴　5- 保护气体　6- 电弧　7- 母材　8- 钨极

3. 氩弧焊的特点及应用

（1）氩弧焊的特点：氩弧焊具有保护作用好，热影响区小，操作性能好等优点。但氩气成本高，设备贵。

（2）氩弧焊的应用：氩弧焊适用于铝、铜、镁、钛、不锈钢、耐热钢等焊接。

7.2.6　电渣焊

电渣焊是利用电流流经熔渣产生的电阻热作为热源来熔化金属进行焊接的工艺。该工艺生产率高，电耗低，熔剂损耗低，焊缝缺陷少，基本无气孔、夹渣和裂纹等缺陷。适用于焊接 40mm 以上厚度的结构焊接。电渣焊示意图如图 7-20 所示。

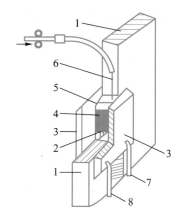

图 7-20
电渣焊示意图

1- 焊件　2- 焊缝　3- 冷却钢滑块　4- 熔池　5- 渣池　6- 焊丝　7、8- 冷却水进出口

7.2.7　电阻焊

利用电流通过焊件及接触处产生电阻热，将局部加热到塑性或半熔化状态，在压力下形成接头。根据接头形式不同，电阻焊可分为点焊、缝焊和对焊。

1. 点焊

把清理好的薄板放在受压的两电极之间，接触面电阻发热使局部金属熔化将工件焊接在一起。点焊质量与焊接电流、通电时间、电极电压和工件洁净程度有关。点焊过程如图 7-21 所示。

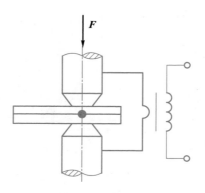

图 7-21
点焊过程

2. 缝焊

缝焊与点焊相似，称为重叠点焊。用旋转盘状电极代替柱状电极，滚盘压紧工件并转动，电流发热形成连续焊点。缝焊过程如图 7-22 所示。

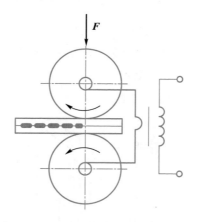

图 7-22
缝焊过程

3. 对焊

（1）电阻对焊。电阻对焊是将两工件端面始终压紧，利用电阻热加热至塑性状态，然后迅速施加顶锻压力（或不加顶锻压力只保持焊接时压力）完成焊接的方法。电阻对焊时的接触电阻取决于接触面的表面状态、温度及压力。当接触面有氧化物或表面不洁，接触电阻将增大，电阻对焊过程如图 7-23 所示。

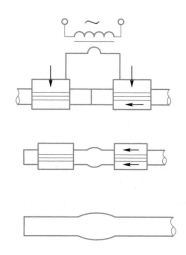

图 7-23
电阻对焊过程

（2）闪光对焊。闪光对焊是将两个焊件相对放置装配成对接接头，接通电源并使其端面逐渐接近达到局部接触，利用电阻热加热触点（产生闪光），直至端部在一定深度范围内达到预定温度时，迅速施加顶锻力，依靠焊接区金属本身的高温塑性金属，使两个分离表面的金属原子之间接近到晶格距离，形成金属键，在结合面上产生足够量的共同晶粒而得到永久接头。

闪光对焊由于热效率高、焊接质量好、可焊金属和合金的范围广，不但可以焊接紧凑截面，而且可以焊接展开截面的焊件（如型钢、薄板等），因此，广泛应用于机电、建筑、铁路、石油钻探和冶金工业等方面。闪光对焊过程如图 7-24 所示。

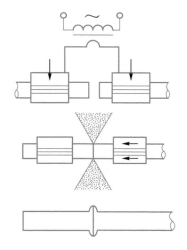

图 7-24
闪光对焊过程

4. 电阻焊的特点及应用

（1）电阻焊的特点

接头质量好，热影响区小；生产率高，易于实现机械自动化；无需填充金属和焊剂；焊接过程中无弧光，噪声低，烟尘和有害气体少；焊件结构简单，重量轻，气密性好，易于获得形状复杂的零件；但耗电量大，设备贵。

（2）电阻焊的应用

常用焊接方法的应用见表 7-8。

（1）点焊主要用于厚度低于 4mm 的薄板冲压结构、金属网及钢筋等。

（2）缝焊主要用于焊缝比较规则，板厚低于 3mm 的密封结构。

（3）对焊主要用于制造封闭形零件。

表 7-8　常用焊接方法的应用

焊接方法	比较项目				
	热源	主要接头形式	焊接位置	常用钢板厚度 /mm	焊件材料
气焊	化学热	对接、卷边接	全	0.5～3	碳钢、合金钢、铸铁、钢、非铁金属
手弧焊	电弧热	对接、搭接、T 形接		3～20	碳钢、合金钢、铸铁、非铁金属
埋弧焊			平	6～60	碳钢、合金钢
氩弧焊			全	0.5～25	铝、铜、镁、钛及其合金、耐热钢、不锈钢
二氧化碳气体保护焊				0.8～30	碳钢、低合金钢、不锈钢
电渣焊	熔渣电阻热	对接	立	35～400	碳钢、低合金钢、不锈钢、铸铁
对焊	电阻热		平	电阻对焊≤20	碳钢、低合金钢、不锈钢、铝及其合金、闪光对焊异种金属
点焊		搭接	全	0.5～3	低碳钢、低合金钢、不锈钢、铝及其合金
缝焊			平	<3	
钎焊	各种热源	搭接、套接			碳钢、合金钢、铸铁、铜及其合金

7.3　金属焊接性能

金属在一定的焊接工艺条件下，获得优质焊接接头的难易程度，即金属材料对焊接加工的适应性，称为金属材料的焊接性。包括两方面的内容：

（1）接合性能，主要指在焊接工艺条件下，金属材料产生工艺缺陷的倾向性或敏感性。

（2）使用性，主要指金属材料焊接接头在使用中的适应性，包括焊接接头的力学性能及其他特殊性能（如耐热性、耐蚀性等）。

7.3.1　金属焊接性的评定

影响金属焊接性的因素主要有材料因素、工艺因素、设计因素及使用环境因素等四类。其中影响最大的是钢的化学成分，钢的化学成分不同，焊接性也不同。钢中碳和合金元素对钢焊接性的影响程度是不同的。碳的影响最大，其他合金元素可以换算成碳的相当含量来估算它们对焊接性的影响。换算后的总和称为碳当量，即把钢中碳和其他合金元素对淬硬、冷裂纹及脆化等影响折合成碳的相对含量，作为评定焊接性的参数指标，这种方法称为碳当量法。这是因为焊接热影响区的淬硬及冷裂纹倾向与钢种的化学成分直接相关，所以可用化学成分来评估其冷裂纹敏感性。

国际焊接学会推荐的碳素结构钢和低合金结构钢的碳当量计算公式应用较为广泛，其公式如下：

$$w_{CE} = \left(w_C + \frac{w_{Mn}}{6} + \frac{w_{Ni}+w_{Cu}}{15} + \frac{w_{Cr}+w_{Mo}+w_V}{5} \right) \times 100\%$$

式中化学元素符号后面的数值，表示元素在钢材中的质量分数，各元素含量取其成分范围的上限。

碳当量越大，焊接性越差。当 $w_{CE}<0.4\%$ 时，钢材焊接性良好，焊接冷裂纹倾向小，一般不需要预热；当 $w_{CE}=0.4\%\sim0.6\%$ 时，焊接性较差，冷裂倾向明显，需要预热等工艺措施防止裂纹；当 $w_{CE}>0.6\%$ 时，焊接性差，冷裂倾向严重，需要较高的预热温度和严格的工艺措施。

7.3.2 常用金属材料的焊接性能

1. 低碳钢的焊接

低碳钢的碳质量分数 $w_C \leqslant 0.25\%$，塑性好，没有淬硬倾向，对焊接热不敏感，所以焊接性良好。一般情况下，焊接时不需要采取特殊工艺措施，选用各种焊接方法都容易获得优质焊接接头。但刚性大的结构件在低温环境施焊时，应适当考虑焊前预热。对于厚度大于 50mm 的低碳钢结构件，需用大电流、多层焊，焊后去应力退火。

2. 中碳钢的焊接

中碳钢的碳质量分数 $w_C=0.25\%\sim0.6\%$，随着碳的质量分数增大，淬硬倾向变得明显，焊接性逐渐变差。焊接中碳钢时的主要问题是：

（1）焊缝容易形成气孔。

（2）焊缝及焊接热影响区易产生裂缝。

为此，在工艺上常采取下列措施：

（1）减少基体金属的熔化量以减少碳的来源。其具体措施为：焊件开坡口；用细焊丝、小电流焊接；若用直流电源，直流反接。

（2）选用合适的焊接方法和规范，降低焊件冷却速度。

（3）尽量选用碱性低氢型焊条，提高焊缝抗裂能力。

（4）采用多层焊或焊前预热，焊后缓冷措施，减少焊接前后温差，可有效防止裂纹。

高碳钢的焊接性更差。焊前应先将焊件退火，预热至 250℃～350℃以上，焊后保温并立即送入炉中热处理消除残余内应力。

3. 普通低合金结构钢的焊接

普通低合金结构钢在焊接生产中应用较为广泛，其中碳及合金元素含量越高，钢材强度级别越高，焊后热影响区的淬硬倾向也更明显，致使热影响区脆性增大，塑性与韧性下降。焊接接头随钢材强度的提高，产生裂纹的倾向加剧。为此，对于 $\sigma_b<400MPa$ 的低强度普通合金结构钢，常温下焊接时，不用复杂的工艺措施，便可获得优质的焊接接头。焊件厚度大（如 16Mn，板厚大于 32～38mm 时）或环境温度较低时，焊前应预热，防止产生裂纹。对于 $\sigma_b>500MPa$ 的高强度普通低合金结构钢，为了避免产生裂纹，焊前应预热

（≤150℃），焊后还应及时退火消除残余应力。

4. 铸铁的焊补

铸铁含碳量高、组织不均匀、焊接性能差，一般不考虑铸铁的焊接构件。但铸铁件生产中出现铸造缺陷或铸铁零件使用过程中发生局部损坏，焊接操作也可以补救。铸铁的焊接特点是：

（1）熔合区易产生白口组织，硬度很高，焊后很难进行机械加工。

（2）焊接应力较大，焊缝热影响区容易出现裂纹，甚至可能沿焊缝发生整体断裂。

（3）铸铁含碳量高，焊接时易生成 CO 和 CO_2，铸铁凝固时间较短，熔池中气体往往来不及逸出而形成气孔。

（4）铸铁流动性好，容易流失，给铸铁焊补带来了困难。铸铁的焊补，一般采用气焊或手工电弧焊。按焊前是否预热可分为热焊法与冷焊法两大类。热焊法预热温度 600℃～700℃，焊后缓慢冷却，用于焊补形状复杂的重要件。冷焊法焊补铸件时，焊前不预热或在 400℃以下低温预热，用于焊补要求不高的铸件，焊条可选用 Z208、Z308、Z408 等。

5. 铝及铝合金的焊接

铝及铝合金的焊接性能较差，其焊接特点是：

（1）铝与氧的亲和力强，极易氧化成高熔点、大密度的氧化铝（Al_2O_3），阻碍金属熔化，使焊缝夹渣。

（2）铝的导热率为钢的 4 倍，焊接时热量散失快，需要密集热源，同时铝的线膨胀系数为钢的 2 倍，凝固时体收缩率达 6.5%，易产生焊接应力与变形，导致裂纹。

（3）液态铝能吸收大量的氢，而固态铝几乎不熔解氢，致使凝固过程中氢气来不及逸出而产生气孔。

（4）铝的高温强度与塑性很低，易引起焊缝塌陷。铝和铝合金的焊接常采用氩弧焊、气焊、电阻焊和钎焊等方法，其中氩弧焊是比较理想的焊接方法，气焊仅用于焊接厚度较薄的非重要构件。

6. 铜及铜合金的焊接

铜及铜合金的焊接特点是：

（1）热导率大，焊接时热量易散失，造成焊不透等缺陷。

（2）线胀系数和收缩率都较大，导热性好，使焊接热影响区较宽，易产生变形。

（3）高温下氧化导致脆性。低熔点共晶体分布于晶界上，易产生热裂纹。

（4）氢和溶池中氧化铜发生反应生成水蒸气，易形成气孔。铜及铜合金可用氩弧焊、气焊、碳弧焊和钎焊等方法焊接。氩弧焊能有效地保护铜液不受氧化且不溶入气体，提高焊接质量。

7.4　金属焊接结构工艺

7.4.1　焊接结构材料的选择

在满足使用要求的前提下，选择焊接结构材料要优先考虑焊接性。低碳钢和碳当量低于 0.4% 的低合金钢都具有良好的焊接性，设计中应尽量选用；含碳量大于 0.4% 的碳钢、碳当量高于 0.4% 的合金钢，焊接性不佳，设计时一般要避免选用。若必须选用，应在设计和生产工艺中采取必要措施。

强度等级较高的低合金结构钢，焊接性能虽然差些，但只要采取适当的焊接材料与工艺，就能获得满意的焊接接头。设计强度要求高的重要结构可以选用低合金结构钢。

强度等级低的合金结构钢，焊接性能与低碳钢基本相近，钢材价格也不贵，而强度却能显著提高，条件允许时应优先选用。

镇静钢脱氧完全，组织致密，质量较高，可选用在重要的焊接结构中。

沸腾钢含氧量较高，组织成分不均匀，焊接时易产生裂纹，在焊接厚板时还可能出现层状撕裂。因此不宜用在承受动载荷或严寒条件下工作的重要焊接结构件以及压力容器。

焊接异种金属时，必须考虑焊接性及材料差异。一般要求接头的强度不低于被焊钢材中的强度较低者，并在设计中对焊接工艺提出要求。对焊接性较差的钢种采取必要措施，如预热或焊后热处理等。尽量不选用熔焊达不到强度要求的异种金属。

7.4.2 焊缝布置

（1）焊缝布置要尽量分散，避免过分集中和交叉。焊缝密集或交叉会加大热影响区，使组织恶化，性能变差。两焊缝间距一般要求大于板厚的三倍，如图 7-25 所示。

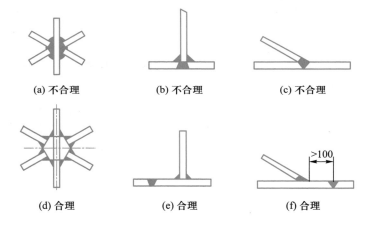

(a) 不合理　　(b) 不合理　　(c) 不合理

(d) 合理　　(e) 合理　　(f) 合理

图 7-25
焊缝分散布置的设计

（2）焊缝应避开最大应力和应力集中部位。焊接接头往往是焊接结构的薄弱环节，存在残余应力和焊接缺陷。因此，焊缝应避开应力较大部位，尤其是应力集中部位。如焊接钢梁时，焊缝不应在梁的中间；压力容器一般不用平板封头、无折边封头，而应该采用碟形封头或球形封头等，如图 7-26 所示。

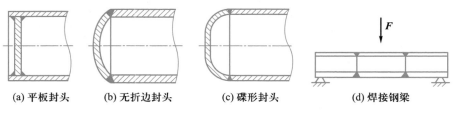

(a) 平板封头　　(b) 无折边封头　　(c) 碟形封头　　(d) 焊接钢梁

图 7-26
焊缝应避开最大应力和应力集中部位

（3）焊缝布置应尽可能对称。焊缝对称布置可使焊接变形相互抵消。如图 7-27（a）所示，焊缝偏离截面中心一侧，焊后容易出现较大的弯曲变形；如图 7-27（b）、图 7-27（c）所示焊缝对称布置，焊后不会产生明显变形。

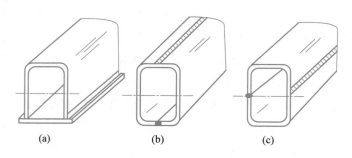

图 7-27
焊缝对称布局

（4）焊缝布置应便于焊接操作。手工电弧焊时，要考虑焊条能否到达待焊部位。点焊和缝焊时，应考虑电极能否方便进入待焊位置，如图 7-28、图 7-29 所示。

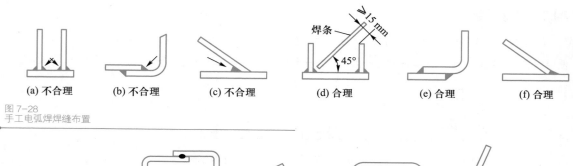

图 7-28
手工电弧焊焊缝布置

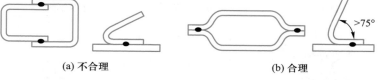

图 7-29
点焊和缝焊时的焊缝布置

（5）尽量减小焊缝数量。减少焊缝数量，可减少焊接加热任务，降低焊接应力和变形，同时减少焊接材料消耗，降低成本，提高生产率。如图 7-30 所示，是采用型材和冲压件减少焊缝的构造。

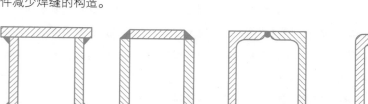

(a) 用四块钢板焊成　　(b) 用四块钢板焊成　　(c) 用两根槽钢焊成　　(d) 用两块钢板弯曲后焊成

图 7-30
减少焊缝数量的构造

（6）焊缝应尽量避开机械加工表面。有些焊接结构需要进行机械加工，为保证加工表面精度不受影响，焊缝应尽量避开这些表面，如图 7-31 所示。

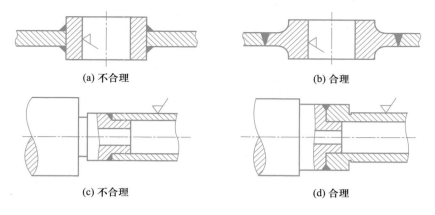

(a) 不合理　　　　　　　　(b) 合理

(c) 不合理　　　　　　　　(d) 合理

图 7-31
焊缝应避开机械加工表面

7.4.3　焊接接头形式的选择

选择焊接接头时，要考虑焊件结构形状、使用要求、焊件厚度、变形大小、焊条消耗量和坡口加工难易程度等因素。对接接头应力分布比较均匀，接头质量容易控制，是焊接结构中应用最多的一种，但对焊前准备和装配要求较高。搭接接头应力分布复杂，易产生附加弯曲应力，降低接头强度，经济性不佳，但其焊前准备和装配要求比对接接头简单，常用于厂房屋架和桥梁等。当接头构成直角连接时，通常采用角接和 T 形接头。角接接头通常只起连接作用，不能用来传递载荷。T 形接头在船体结构中应用较广。

7.4.4　焊接坡口形式的选择

开坡口的目的是为了保证焊缝根部焊透，便于清除熔渣，获得良好的焊缝形状，坡口还能调节母材金属与填充金属的比例。不同板厚的工件其坡口形式也不同，如焊条电弧焊工件在板厚小于 6mm 时，一般不开坡口，但重要的构件，当厚度超过 3mm 时，就需要开坡口。板厚在 6~26mm 时，应开 V 形坡口，这种坡口便于加工，但焊后焊件易变形。板厚在 12~60mm 时，可开 X 形坡口。在相同厚度情况下，X 形坡口比 V 形坡口能减小焊着金属量 1/2 左右，工件变形较小。带钝边 U 形坡口焊着金属量更少，工件变形也更小，但加工坡口较困难。一般用于较重要的焊接结构件。

微课
焊接机器人安全操作

复习思考题

1. 焊芯的作用是什么？焊条药皮有哪些作用？

2. 焊条选择的原则是什么？

3. 焊接接头中力学性能差的薄弱区域在哪里？为什么？

4. 减少焊接应力的工艺措施有哪些？消除焊接残余应力有什么方法？

5. 低碳钢焊接有什么特点？

6. 气焊的主要设备有哪些？气焊的操作要点是什么？

第8章 金属零件选材与成型

知识目标

（1）掌握：选材时依据使用性能、工艺性能和经济性的原则。

（2）掌握：零件失效的原因和形式。

能力目标

（1）能依据金属材料的使用性能、工艺性能和经济性选材。

（2）能依据具体情况选择合适的材料和热处理方式。

学习导航

在机械制造中，为生产出低成本高质量的零部件，必须从结构设计、材料选择、成型工艺、热处理等方面进行全面考虑，才能达到预期效果。

8.1 机械零件选材原则

8.1.1 使用性原则

使用性能是指在正常使用状态下，零件材料应该具备的机械性能、物理性能和化学性能。使用性能是保证零件完成规定功能的必要条件，它是选材首先要考虑的问题。

不同零件，其工作条件和失效形式不同，零件材料应具备的性能也不尽相同。因此，对零件进行选材，首先要根据零件的工作条件和失效形式，正确判断其所要求的主要使用性能；然后根据主要的使用性能指标来选择较为合适的材料，有时还需要进行模拟试验来最终确定零件材料。

对大多数机械零件和工程构件来说，使用性能以力学性能为主。例如，内燃机的连杆螺栓在工作时，整个截面上承受均匀分布的周期性拉应力。因此，对连杆螺栓的材料，除了要求有高的屈服极限、强度极限外，还要求有高的疲劳强度。由于整个截面上受力均匀，因此还要求材料有足够的淬透性，保证整个截面完全淬透。对一些在特殊条件下工作的零件，则必须考虑材料的物理与化学性能。例如，耐酸容器与管道必须具备耐腐蚀性；变压器铁芯则要求有良好的导磁性。

对零件的工作条件、失效形式进行全面分析，基于几何形状与尺寸、工作载荷及使用寿命全面考虑，通过力学计算确定出零件应具备的力学性能指标及数值，即可利用设计手册选择材料。但是，零件所要求的力学性能指标不能简单地等同于手册所给出的数据，还必须注意以下几点：

（1）材料的性能不但与化学成分有关，还与加工处理后的状态有关，金属材料尤为明显。所以，要分析手册中的性能指标是在什么样工艺条件下获得的。

（2）材料的性能与加工处理时试样的尺寸有关，随截面尺寸增大，力学性能指标会降低。因此，零件尺寸与手册中试样尺寸出现差别时，应进行适当修正。

（3）材料的化学成分、加工处理的工艺参数本身都有一定的波动范围，所以，其力学性能数据也存在波动范围。一般手册中的性能数据大多是波动范围的下限值，也就是说，在尺寸和处理条件相同的情况下，手册中的数据是偏安全的。

综合上述情况，应对手册数据进行修正。尤其是大量生产的重要零件，可用零件实物进行强度和寿命的模拟试验，为选材提供可靠数据。

8.1.2 工艺性原则

材料工艺性能是指材料加工成零件的难易程度。在选材的过程中，同使用性能相比，工艺性能常处于次要地位。小批量生产时，材料工艺性能的影响较小，但大批量生产时，工艺性能就会成为必须考虑的因素，易切削钢的选用与生产就是最好的实例。另外，一种材料即使力学性能很好，但若加工极其困难或者加工费用太高，也不适宜选取。所以，材料的工艺性能应满足生产技术要求，这是选材必须考虑的问题。

高分子材料的成型工艺比较简单，切削加工性能良好。但是，其导热性差，切削加工过程中不易散热，容易使工件温度急剧升高，从而使材料性能恶化。

陶瓷材料成型后硬度极高，除了可以用碳化硅、金刚石砂轮磨削外，几乎不能进行其他任何加工。

金属材料的加工比较复杂，常用工艺方法有铸造、锻造、冲压、焊接和切削等。从工艺性出发，如果设计方案需求的是铸件，最好选择共晶或接近共晶成分的合金；若设计方案需求的是锻件或冲压件，最好选择固溶体合金；如果设计方案需求的是焊接结构，最适宜的材料是低碳钢或低碳合金钢。为了便于切削加工，一般希望钢铁材料的硬度控制在170～230HBS，借助适当的热处理工艺能够实现。

同一材料对于不同的技术路线来说，可能有不同的表现。例如，灰铸铁的铸造性能和切削加工性能很好，但其锻造性能和焊接性能很差。因此，选材时应从整个制造过程考虑材料的工艺性能，进行综合权衡。此外，即使对于同一类型工艺，不同材料的表现也不尽相同。因此，生产中常通过改变工艺规范、调整工艺参数、改进刀具设备、热处理改性等途径来改善材料工艺性能。

8.1.3 经济性原则

材料的经济性是选材的根本原则。满足使用性能的前提下，应尽可能选用价格低廉、资源充足、加工方便和成耗低的材料，以期取得最大化经济效益，提高产品在市场上的竞争力。常用金属材料的相对价格见表8-1。

表 8-1　常用金属材料的相对价格

材料	相对价格	材料	相对价格
碳素结构钢	1	铬不锈钢	5
低合金结构钢	1.25	铬镍不锈钢	15
优质碳素结构钢	1.3～1.5	普通黄铜	13～17
易切钢	1.7	锡青铜、铝青铜	19
合金结构钢（除铬－镍）	1.7～2.5	灰铸铁	0.5
铬镍合金结构钢	5	球墨铸铁	0.7
滚动轴承钢	3	可锻铸铁	2～2.2
合金工具钢	1.6	碳素铸钢	2.5～3
低合金工具钢	3～4	铸造铝合金、铜合金	8～40
高速钢	16～20	铸造锡基轴承合金	23
硬质合金	150～200	铸造铅基轴承合金	10

　　价格是影响材料经济性的重要因素。材料价格在产品的总成本中占有较大的比重。据有关资料统计，在一般工业部门中，材料的价格占产品价格的 30%～70%。金属材料中，碳钢和铸铁的价格较低，工艺性能较好，在满足零件使用性能的前提下应尽量选用。

　　资源的丰富程度也是影响材料经济性的一个重要因素。国内铬资源较少，镍铬类合金钢价格比较贵。因此，尽量选用国内资源储备丰富的锰、硅、硼、钼、钒类合金钢来代替镍铬类合金钢。此外，采用适当的强化方法提高廉价材料的使用价值，往往可以获得很好的经济效益。

　　分析材料的经济性，也要考虑备选材料对制造费用和零件质量寿命等因素的影响。制造费用在零件的总成本中往往占很大比重。采用制造工艺复杂的廉价材料制造零件，不一定比采用工艺性能好而价格较高的材料的经济性更好。例如，模具的制造费用昂贵，而其材料费用仅占总成本的 6%～20%。因此，采用价格较贵但使用寿命长的合金钢或硬质合金制造模具比采用价格低廉但使用寿命短的碳素工具钢更为经济。

　　材料的经济性还表现在其供应条件方面。选材时应尽量选用标准化、系列化和通用化的材料，同时应尽量减少所需材料的品种和规格，以便于采购和管理及减少不必要的附加费用。

　　近年来，在使用结构材料的过程中，十分重视性价比这一非常重要的综合指标。民用产品设计中，一般把经济性放在首位；而对于国防军品，材料和产品的性能则被放在首位。

8.2　典型零件选材与热处理

8.2.1　齿轮类零件的选材与热处理

1. 齿轮的工作条件及性能要求

　　齿轮是机械、汽车、拖拉机中应用最广泛的零件之一，主要用于功率传递和速度调节。工作时的受力状况如下：

（1）传递扭矩，齿根承受较大的交变弯曲应力。

（2）齿面相互滑动和滚动，承受较大的接触应力，发生强烈的摩擦。

（3）由于换挡、启动或啮合不良，齿部承受冲击力。

1）主要失效形式

（1）轮齿折断。有两种断裂形式：一类为疲劳断裂，主要发生在齿根部，常常一齿断裂引发数齿甚至多齿的断裂；另一类是过载断裂，主要是冲击载荷过大造成断齿。

（2）齿面磨损。齿面接触区摩擦作用使齿厚变小，齿隙增大。

（3）齿面剥落。交变接触应力作用下，齿面产生微裂纹并逐渐发展，引起点状剥落。

2）齿轮用材必须具备的性能

（1）高的弯曲疲劳强度和接触疲劳强度。

（2）高的硬度和耐磨性。

（3）轮齿心部要有足够的强度和韧度。

2. 齿轮零件的选材

根据工作状况，常见齿轮的选材和热处理方法见表 8-2。

表 8-2 常见齿轮的选材和热处理方法

序号	工作状况	选用材料	热处理方法	硬度
1	尺寸较小，主要传递低速运动，无润滑或简单润滑，要求一定的耐磨性，如仪表齿轮	尼龙或铜合金	—	—
2	中等尺寸，主要传递低速运动，润滑条件差，工作平稳，如机床中的挂轮	HT200	正火	170～230HBW
		45 钢		170～200HBW
3	中等尺寸，中速中等载荷，要求一定耐磨性，如机床变速箱中的次要齿轮	45 钢	调质＋表面淬火＋低温回火	心部：200～250HBW 齿面：45～50HRC
4	齿轮截面较大，中速中等载荷，耐磨性高，如机床变速箱、走刀箱中的齿轮	40Cr 钢	调质＋表面淬火＋低温回火	心部：230～280HBW 齿面：48～53HRC
5	中等尺寸，高速中等载荷，受冲击，耐磨性高，如机床变速箱齿轮或汽车、拖拉机的传动齿轮	20Cr 钢	渗碳＋淬火＋低温回火	齿面：56～62HRC
6	中等或较大尺寸，高速重载受冲击，要求高耐磨性，如汽车中的驱动齿轮和变速箱齿轮	20CrMnTi 钢	渗碳＋淬火＋低温回火	齿面：58～63HRC

陶瓷脆性大，承受冲击能力差，不宜用来制造齿轮。常用的齿轮材料有：①锻钢，主要为调质钢和渗碳钢，是齿轮制造中应用最广泛的一类材料；②铸钢（如 ZG270—500、ZG310—570），主要用来制造尺寸较大、形状较复杂的齿轮；③铸铁，主要用来制造轻载、低速、不受冲击和不便润滑的齿轮；④铜合金，主要用来制造仪器仪表中耐蚀性的轻载齿轮（即主要用于传递运动）；非金属材料（如塑料、尼龙、聚碳酸酯等）用来制造在润滑不良的腐蚀性环境中工作的轻型齿轮。

3. 典型齿轮选材示例

（1）C6132 车床传动齿轮。工作时受力不大，转速中等，运行平稳无冲击，强度和韧度要求均不高，一般用中碳钢（如 45 钢）制造。经调质处理后心部有足够韧性，能承受较大的弯曲应力和冲击载荷。表面采用高频淬火强化，一方面提高了耐磨性，硬度可达52HRC 左右；另一方面在表面造成压应力，提高了抗疲劳破坏的能力。工艺路线为：下料—锻造—正火—粗加工—调质—精加工—高频淬火、低温回火—精磨。

（2）JN—150 汽车变速齿轮。工作条件比机床齿轮差，主传动系统中的齿轮工作环境尤其差。工作于较大的冲击力场合，因此对材料要求较高。由于弯曲与接触应力都很大，所以重要齿轮都需渗碳、淬火和低温回火处理，以提高耐磨性和疲劳抗力。为保证心部有足够的强度与韧性，材料的淬透部位硬度应在 35～45HRC 之间。此外，对于大批量汽车零部件生产的选用钢材环节，要在满足力学性能的前提下，足够重视制造工艺的便捷性。20CrMnTi 钢在渗碳、淬火、低温回火后，具有较好的力学性能，表面硬度可达58～62HRC，心部硬度达 30～45HRC，正火态切削加工工艺性和热处理工艺性均较好。为进一步提高齿轮的疲劳强度，渗碳、淬火、回火后，还要进一步喷丸处理，增大表面压应力。渗碳齿轮的工艺路线为：下料—锻造—正火—切削加工—渗碳、淬火及低温回火—喷丸—磨削加工。

8.2.2　轴类零件的选材及热处理

有一部分机床、汽车、拖拉机等行业中的轴类零件是特别重要的结构件。这些轴类零件的主要作用是支承传动零件并传递运动和扭矩，工作中承受多种应力的作用，工件材料应有较好的综合力学性能。局部承受摩擦的部位，如车床主轴的花键和曲轴轴颈等部位，必须有较高的硬度以提高耐磨性能。

对于要求以综合力学性能为主的结构零件，选材要依据其应力状态和载荷种类，考虑材料的淬透性和抗疲劳性能。实践证明，受交变应力的轴类零件，如连杆螺栓等结构件，其多数损坏是由疲劳裂纹引起的。

下面以车床主轴、汽车半轴、内燃机曲轴等典型零件为例进行分析。

1. 机床主轴

1）选材应考虑的问题

在选用机床主轴的材料和热处理工艺时，必须考虑以下几点：

（1）工况环境。不同类型的机床，工作条件有很大差别，如高速机床和精密机床主轴的工作条件与重型机床主轴的工作条件相比，无论弯曲还是扭转的疲劳特性差别都很大。

（2）轴承类型。如在滑动轴承上工作时，轴颈需要有较高的耐磨性。

（3）主轴结构与缺陷。结构形状复杂的主轴在热处理时容易变形甚至开裂，因此在选材上应给予重视。

2）机床主轴的工作条件和性能要求

机床主轴的工作条件如下：

（1）承受交变的弯曲应力与扭转应力，有时会受到冲击载荷的作用。

（2）主轴大端内锥孔和锥度外圆经常与卡盘、顶针有相对摩擦。

（3）花键部分经常有磕碰或相对滑动。

总之，主轴有装配精度要求且在滚动轴承中以中等转速运转，环境有冲击。

热处理技术条件为：整体调质硬度达 200～230HBW，内锥孔和外圆锥面处硬度为 45～50HRC，花键部分硬度为 48～53HRC。

3）主轴钢材及热处理

C6140 型车床主轴属于中速中负荷，滚动轴承中工作的轴类零件，适宜选用 45 钢。整体调质可以获得较高的综合力学性能和疲劳强度；内锥孔和外圆锥面处采用盐浴局部淬火和回火，获得耐磨能力和装配精度；花键部分高频淬火并低温回火，提高强度与硬度。机床主轴加工工艺路线如下：锻造—正火—粗加工—调质—精加工—表面淬火及低温回火—磨削加工。

如果机床主轴承受较大载荷，可用 40Cr 钢制造。承受较大的冲击载荷和疲劳载荷时，可用合金渗碳钢制造，其热处理工艺发生相应变化。

2. 汽车半轴

汽车半轴是驱动车轮转动的直接驱动部件。中型载重汽车的半轴选用 40Cr 钢，而重型载重汽车的半轴则选用性能更优的 40CrMnMo 钢。

1）汽车半轴的工作条件和性能要求

如图 8-1 所示为跃进 -130 型载重汽车（载重量为 2 500kg）的半轴简图。半轴在工作时承受反复冲击、弯曲和扭转载荷，要求材料有足够的抗弯强度、疲劳强度和较好的韧性。热处理技术条件：杆部硬度 37～44HRC，盘部外圆硬度 24～34HRC。

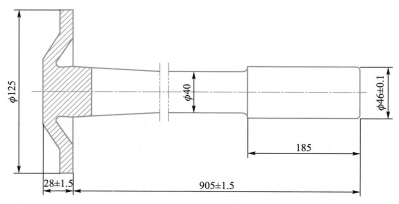

图 8-1
跃进 -130 型载重汽车的半轴简图

2）材料选用及热处理

根据技术要求，可选用 40Cr 钢。热处理工艺为：正火，消除锻造应力，改善切削加工性；调质，使半轴具有高的综合力学性能。简化的工艺路线为：下料—锻造—正火—切削—调质—钻孔—磨削。

3. 内燃机曲轴

1）工作条件及性能要求

内燃机曲轴有着复杂形状，工作中受到内燃机周期性气体压力、曲柄连杆机构惯性、扭转和弯曲应力以及冲击载荷等作用。高速内燃机中的曲轴还受到扭转振动的影响，造成很大的应力。

因此，对曲轴的性能要求为：高强度，一定的冲击韧度和弯曲扭转疲劳强度，轴颈处有较高的硬度和较好的耐磨性。

2）内燃机曲轴用料的选择

一般以静力强度和冲击韧度作为曲轴的设计指标，并考虑疲劳强度。

内燃机曲轴材料的选择，主要取决于内燃机的使用情况、功率大小、转速高低以及轴瓦材料等因素。一般选材规律如下：①低速内燃机曲轴，采用正火状态的碳素钢或球墨铸铁；②中速内燃机曲轴，采用调质状态的碳素钢或合金钢，如45、40Cr、45Mn2、50Mn2钢等或球墨铸铁；③高速内燃机曲轴，采用高强度合金钢，如35CrMo、42CrMo、18Cr2Ni4WA钢等。

8.3 机械零件失效

机械装备由零部件组成，单个零部件有特定的功能，可完成规定的指令，传递力、力矩或能量。所谓的机械零件失效就是指零件在使用过程中，由于某种原因，导致其尺寸形状或材料组织性能发生变化，不能继续完成特定的功能。机械零件的失效一般包括以下几种情况：

（1）零件完全破坏，不能继续工作。

（2）虽能安全工作，但不能完整地达到预期要求。

（3）零件严重损坏，继续工作不安全。

8.3.1 失效形式

零件的失效形式是多种多样的，通常按零件的工作条件及失效的宏观表现与规律，将失效分为变形失效、断裂失效和表面损伤失效三种主要形式，见表8-3。

表8-3 零件的失效形式

失效形式		零件举例
变形失效	弹性变形失效	细长轴、薄壁件以及尺寸与匹配关系要求严格的精密零件等
	塑性变形失效	连杆螺栓、软齿面齿轮等
	翘曲畸变失效	壳体
断裂失效	塑性断裂失效	锚链、锅炉、低温分离器等
	低应力脆性断裂失效	硬质合金刀具、冷作模具等
	疲劳断裂失效	弹簧、桥梁、压力容器、曲轴、连杆、齿轮等
	蠕变断裂失效	高温炉管、换热器等
表面损伤失效	磨损失效	量具、刃具、推土机铲斗等
	表面疲劳失效	凸轮、齿轮、滚动轴承等点或线接触的高副传动机构零件
	腐蚀失效	化工容器、管道等

1. 变形失效

变形失效是指零件变形量超出其允许范围而造成的失效。如高温下工作的螺栓发生松弛，就是过量弹性变形转化为塑性变形而造成的失效。

2. 断裂失效

断裂失效是指零件完全断裂而无法工作的失效，如钢丝绳在吊运中的断裂。

3. 表面损伤失效

表面损伤失效是指零件在工作中，因机械和化学作用导致表面损伤而造成失效。如长期工作中，轮齿表面被磨损而发生精度降低的现象，即属于表面损伤失效。

8.3.2 失效原因

当机械设备的关键零部件失效时，就意味着设备处于故障状态。机械零件失效的模式，即失效的外在表现形式，主要表现为磨损、变形、断裂、腐蚀等。

1. 机械零件的磨损

通常将磨损分为黏着磨损、磨料磨损、疲劳磨损、腐蚀磨损和微动磨损五种形式。

1）黏着磨损

当构成摩擦副的两个摩擦表面相互接触并发生相对运动时，由于黏着作用，接触表面的材料从一个表面转移到另一个表面所引起的磨损称为黏着磨损。黏着磨损又称黏附磨损。

2）磨料磨损

磨料磨损又称磨粒磨损。当摩擦副的接触表面之间存在着硬质颗粒，会产生一种类似金属切削过程的磨损，其特征是在接触面上有明显的切削痕迹。磨料磨损是十分常见又是危害最严重的一种磨损。

3）疲劳磨损

疲劳磨损是摩擦表面材料微观体积受循环接触应力作用产生重复变形，导致产生裂纹和分离出微片或颗粒的一种磨损。

4）腐蚀磨损

在摩擦过程中，金属同时与周围介质发生化学反应或电化学反应，引起金属表面的腐蚀产物剥落，这种现象称为腐蚀磨损。它是在腐蚀现象与机械磨损、黏着磨损、磨料磨损等相结合时才能形成的一种机械化学磨损。

5）微动磨损

在外界变动载荷作用下，产生振幅很小的相对运动，由此发生微动磨损。例如在键联接处、过盈配合处、螺栓联接处、铆钉联接接头处等部位产生磨损。

2. 金属零件的断裂

零件断裂后不仅完全丧失工作能力，而且还可能造成重大的经济损失或伤亡事故，是一种最危险的失效形式。断裂分为延性断裂、脆性断裂、疲劳断裂和环境断裂四种。

1）延性断裂

零件在外力作用下首先产生弹性变形，当应力超过抗拉强度时发生塑性变形而后造成的断裂就称为延性断裂。延性断裂的宏观特点是断裂前有明显的塑性变形，常出现缩颈。

微课
机械零件失效
分析基础

2）脆性断裂

金属零件或构件在断裂之前无明显的塑性变形，发展速度极快的一类断裂叫脆性断裂。它通常在没有预示信号的情况下突然发生，是一种极危险的断裂。

3）疲劳断裂

机械设备中的轴、齿轮、凸轮等许多零件，都是在交变应力作用下工作的。在重复及交变载荷的长期作用下，机件或零件仍然会发生断裂，这种现象称为疲劳断裂，它是一种常见而严重的失效形式。

4）环境断裂

机械零部件的断裂，除了与材料的特性、应力状态和应变速率有关外，还与周围的环境密切相关。环境断裂主要有应力腐蚀断裂、氢脆断裂、高温蠕变、腐蚀疲劳断裂和冷却断裂等。

3. 金属零件的腐蚀损伤

按金属与介质作用机理，腐蚀可分为两大类：化学腐蚀和电化学腐蚀。

1）金属零件的化学腐蚀

单纯由化学作用而引起的腐蚀叫化学腐蚀。大多数金属在室温下的空气中就能自发地氧化，但在表面形成氧化物层之后，如能有效地隔离金属与介质间的物质传递，就成为保护膜。如果氧化物层不能有效阻止氧化反应的进行，那么金属将不断地被氧化。

2）金属零件的电化学腐蚀

电化学腐蚀是金属与电解质接触时产生的腐蚀。它与化学腐蚀的不同点在于其腐蚀过程有电流产生。大多数金属的腐蚀都属于电化学腐蚀，其涉及面广，造成的损失大，腐蚀过程比化学腐蚀强烈得多。

除以上因素以外，零件失效的原因还有很多种，从方案设计、材料选择、加工工艺和安装使用等方面都需要考虑，有以下几种常见情况：

1）设计不合理

零件结构形状或尺寸等设计不合理，对零件的载荷性质、受力大小、环境温度等工况条件估计不足或安全系数过低等，均会使零件的性能无法满足工作要求而造成零件失效。

2）选材不合理

选用材料的性能不能满足零件工况要求或所选材料质量较差，如含有过量的夹杂物、杂质元素及成分不合格等，这些因素都容易造成零件失效。

3）加工工艺不当

零件或毛坯在加工和成型过程中，由于工艺方法和工艺参数不正确等，常会出现某些缺陷而导致失效。这些缺陷包括零件在锻造过程中产生的夹层；焊接过程中的未焊透、组织偏析和冷热裂纹；铸造过程中的疏松和夹渣；机加过程中的尺寸偏差与表面粗糙度不合适；热处理过程中产生的淬裂、硬度不足、回火脆性和硬度梯度过大；精加工磨削中的磨削裂纹等。

4）安装使用不正确

机械装备在装配和安装过程中，未达到规定的技术指标，如齿轮、蜗杆、螺旋等啮合传动件的间隙不合适（过紧或过松，接触状态未调整好）；连接零件未设置必要的"防松"机构；铆焊结构未安排必要的探伤检验工序；润滑与密封不良；使用中未按工艺规程操作和维修；保养不善或过载使用等均会造成失效。

8.3.3 失效分析步骤

机械构件由于服役条件不同，其失效的情况都不同，涉及多门学科知识，因而难以规定统一的失效分析步骤。现列出失效分析的一般步骤。

1. 现场调查研究和收集资料

调查研究的目的是进一步了解与失效产品有关的背景资料和现场情况。例如，收集现场相关的信息、失效部件残骸，调查有关失效部件的设计图样、设计资料、操作记录以及试验数据等有关技术档案资料。

2. 整理分析

对所收集的资料、信息进行整理，从零件的工作环境、受力状态、材料及制造工艺等多方面进行分析，为后续试验明确方向。

3. 断口分析

对失效部件进行宏观断口观察分析，确定失效的发源部位与失效形式，初步确定可能的失效原因。

4. 组织结构分析

通过对失效部件的组织结构及缺陷的检验分析，可判定构件所用材料、加工工艺是否符合要求。

5. 性能测试及分析

测试和失效方式有关的各项性能指标，对比设计要求，核查额定指标或设计参数的符合程度。

6. 综合分析

综合各方面的证据资料及分析测试结果，判断并确定失效的主要原因，提出防止与改进措施，写出报告。

复习思考题

1. 什么是零件的失效？失效形式主要有哪些？
2. 选择零件材料应遵循哪些原则？在选用材料力学性能判据时，应注意哪些问题？
3. 简述零件选材的方法和步骤。

第 9 章　先进制造技术

知识目标

了解：快速成型技术、超精密与纳米加工技术、柔性制造技术和仿生机械与仿生制造的概念及应用。

能力目标

能够掌握先进制造工程加工技术的特点。

学习导航

先进制造技术（Advanced Manufacturing Technology，AMT）是指集机械加工技术、电子技术、自动化技术、信息技术等多种技术为一体所产生的技术、设备和系统的总称。先进制造技术涉及产品从市场调研、产品开发及工艺设计、生产准备、加工制造、售后服务等产品寿命周期的所有内容，目的是提高制造业的综合经济效益和社会效益。

先进制造技术强调计算机技术、信息技术、传感技术、自动化技术、新材料技术和现代系统管理技术在产品设计、制造和生产组织管理、销售及售后服务等方面的应用。它驾驭生产过程的物质流、能量流和信息流，是生产过程的系统工程。先进制造技术的内涵和范围很广，本章主要介绍先进制造加工技术中的快速成型技术、超精密与纳米加工技术、柔性制造技术和仿生机械与仿生制造的概念及应用。

9.1　快速成型技术

9.1.1　快速成型技术的产生与特点

1. 快速成型技术的产生

快速成型技术是在现代 CAD/CAM 技术、激光技术、计算机数控技术、精密伺服驱动技术以及新材料技术的基础上集成发展起来的。不同种类的快速成型系统因所用成型材料不同，成型原理和工艺特点也各有不同。但是，基本成型原理是一样的，那就是"分层制造，逐层叠加"，类似于数学上的积分过程。

它可以在无需准备任何模具、刀具和工装卡具的情况下，直接接受产品设计（CAD）数据，快速生成新产品的样件、模具或模型。大大缩短新产品开发周期、降低开发成本、提高开发质量。由传统的"去除法"到最新的"增长法"，由"有模制造"到"无模制造"，就是快速成型技术对制造业产生的革命性意义。

2. 快速成型技术的特点

快速成型技术将实体三维模型转化成一系列离散层片再进行加工，降低了加工难度，具有如下特点：

（1）高速完成成型过程，适合现代激烈的产品市场。

（2）由 CAD 模型直接驱动，实现设计与制造一体化。

（3）无需专用夹具、模具、刀具，节省费用，缩短制作周期。

（4）技术高度集成，带有鲜明的高新技术特征。

快速成型技术主要适合于新产品开发、快速单件及小批量零件制造、模具与模型设计制造、难加工材料制造、外形检查、装配检验和逆向工程等。

9.1.2 快速成型技术的工作原理

快速成型技术采用离散/堆积成型原理，其过程是：先由三维 CAD 软件设计出三维曲面或实体模型；然后根据工艺要求，将其按一定厚度进行分层，使三维模型转化成二维截面信息，设置加工参数产生数控代码；数控系统以平面方式连续有序地扫描出单个薄层，薄层与前层黏接固化为一体，这就是材料堆积的过程。不同种类的快速成型系统因所选成型材料不同，成型原理和系统特点也各有不同，但是基本原理都相同，那就是"分层制造，逐层叠加"，类似于数学上的积分过程。形象地讲，快速成型系统就像是一台"立体打印机"，如图 9-1 所示。

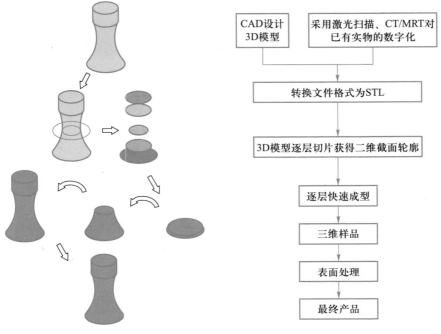

图 9-1
快速成型技术基本原理示意图

9.1.3 快速成型技术工艺方法

快速成型可采用的工艺方法很多，主要有光固化成型工艺、分层实体造型工艺、选择性激光烧结成型工艺、熔融沉积成型工艺、三维打印技术、光屏蔽工艺、直接壳法、直接烧结技术、全息干涉制造等。下面选择前面四种典型的快速成型工艺方法进行介绍。

1. 光固化成型工艺

光固化成型工艺，也称光造型、立体光刻及立体印刷，如图 9-2 所示。工艺过程是：液态光敏树脂充满液槽，计算机控制激光束跟踪层状截面轨迹，照射覆盖于升降台表面的一层液体树脂，随激光能量注入，单层树脂发生固化。升降台下降一层高度，在已成型的层面上重新覆盖一层树脂，继续进行下一层的扫描。新固化的一层牢固地黏附在前一层上，如此反复直到整个零件加工完毕，最终得到三维实体模型。

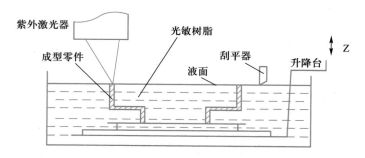

图 9-2
光固化成型工艺原理示意图

2. 分层实体制造工艺

分层实体制造工艺，也称为叠层实体制造，如图 9-3 所示。单面涂有热熔胶的纸卷套在纸辊上，跨过支撑辊缠绕在收纸辊上，伺服电动机带动收纸辊转动，使纸卷沿特定方向移动一定距离，工作台上升至与纸面接触位置，热压辊沿纸面自右向左滚压，加热纸背面的热熔胶，使该层纸材与基板上的前一层纸材黏合。CO_2 激光器发射的激光束跟踪零件的二维截面轮廓数据进行切割，并将轮廓外部的废纸余料切割掉，以便于成型之后的剥离。每完成一个截面，工作台连同被切出的轮廓层下降一层高度，重复下一次工作循环，直至形成由多层横截面黏叠的立体纸质零件。剥离废纸，即可得到性能似硬木或塑料的纸质模样零件。

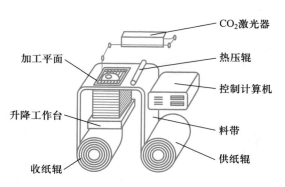

图 9-3
分层实体制造工艺原理示意图

3. 选择性激光烧结成型工艺

选择性激光烧结成型工艺是在充满氮气的惰性气体加工室中进行的，如图 9-4 所示。先将单层很薄的可熔性粉末沉积到成型滚桶的底板上，底板可在成型滚桶内作上下垂直运动。按 CAD 数据控制 CO_2 激光束的运动轨迹，对可熔粉末进行扫描融化，调整激光束强度加热层高 0.125～0.25mm 的粉末，实现烧结成型。

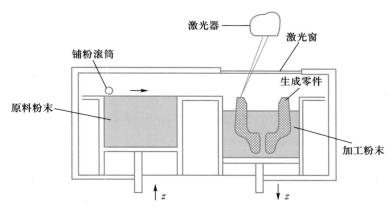

图 9-4
选择性激光烧结成型工艺原理示意图

激光束按照指定的路径扫描移动就能将途径区域的粉末烧结在一起，生成零件原型的单层截面。如同光固化成型工艺一样，选择性激光烧结成型工艺的每层烧结都是在前一层顶部进行，烧结的当前层能够与上一层牢固地黏结。零件原型烧结完成后，可用刷子或压缩空气将未烧结的粉末去除。

4. 熔融沉积成型工艺

熔融沉积成型工艺，又称为熔丝沉积制造。挤压头按照指令沿零件截面的轮廓填充轨迹准确运动，热塑性成型丝材经过高温挤压头熔化成液态，通过送丝机构将丝材运送进喷头，在喷头内完成加热熔化后经过喷头挤出，覆盖于已建成零件层面之上，在极短时间内迅速凝固，实现本层材料与前层材料的黏结。然后，挤压头返回初始位置，进行下一层截面的建造。如此反复，逐层地堆积出一个实体模型或零件，如图 9-5 所示。

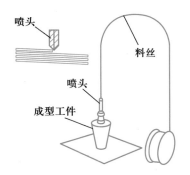

微课
快速成型原理
与应用 1

快速成型原理
与应用 2

微课
激光快速成型
技术

图 9-5
熔融沉积成型工艺原理示意图

9.1.4　快速成型技术的应用

快速成型技术的核心竞争力是其制造成本低和市场响应速度快。生产厂家从利润和速度角度考虑，采纳快速成型技术，从而促进快速成型技术迅速发展与推广应用。在工业造型、机械制造、航空航天、军事、建筑、轻工、医学、考古、艺术、雕刻、首饰等领域都得到了广泛应用。快速成型技术的实际应用，主要集中在以下几个方面：

1. 新品研发中的应用

快速成型技术已为工业产品的设计开发人员，建立了崭新的研发模式。运用快速成型技术能快速精确地将设计思想转化为具有一定功能的实物模型（样件）。缩短了开发周期，降低了开发费用，使企业在激烈的市场竞争中占据先机。

2. 机械制造领域的应用

快速成型技术自身的特点，使其在机械制造领域内获得广泛的应用，多用于小批量零部件的生产。异形零部件、单件生产或小批量生产，一般均可采用快速成型技术直接生产，免除工艺装备的准备。

3. 快速模具制造的应用

传统的模具生产，周期长且成本高。将快速成型技术与传统的模具制造技术相结合，可大幅缩短模具的开发周期，成为快速制造模具的有效途径。

4. 在医学领域的应用

快速成型技术在医学领域的应用研究较多。以医学影像数据为基础，快速成型技术制作的人体器官模型，在外科手术领域已经取得成功。

5. 在文化艺术领域的应用

在文化艺术领域，快速成型技术多用于艺术创作、文物复制、数字雕塑等。

6. 在航空航天技术领域的应用

航空航天领域中，空气动力地面模拟实验（即风洞实验）是验证航天飞行器的重要环节。采用快速成型技术，根据 CAD 模型完成实体模型制造，能很好地模拟实物。

9.2　超精密与纳米加工技术

9.2.1　超精密加工技术

超精密加工是指被加工零件的尺寸公差为 $0.1 \sim 0.01 \mu m$ 数量级，表面粗糙度值 Ra 为 $0.03 \sim 0.005 \mu m$ 数量级的加工技术，加工设备分辨力和重复精度为 $0.01 \mu m$ 数量级。

超精密加工方法有金刚石刀具超精密切削、精密和镜面磨削、精密研磨和抛光等方法。

1. 金刚石刀具超精密切削

金刚石刀具有着极高的高温强度与硬度，材质细密，经过精细研磨的切削刃极为锋利，表面粗糙度值低，能够实现镜面切削。此外，金刚石与非铁金属的亲和力极低，摩擦系数小，切削非铁金属不易产生积屑。金刚石刀具切削非铁金属和非金属材料，可得到表面粗糙度值 $Ra=0.02 \sim 0.002 \mu m$ 的镜面。金刚石刀具的切削加工余量仅为几微米，切削层非常薄（常在 0.1μm 以下），使用金刚石刀具的双坐标数控精密机床，可使被加工的平面和非球曲面达到超高的几何精度。

金刚石刀具超精密切削，主要用于加工铜铝等非铁金属，比如高密度硬盘的铝合金基片、激光器的反射镜、复印机的硒鼓，光学平面镜，凹凸镜和抛物面镜等。

2. 精密和镜面磨削

磨削时尺寸精度和几何精度主要靠精密磨削工艺保证，可达亚微米级精度（精度为 $1\sim10^{-2}$μm）。精密磨床使用细粒度磨粒砂轮，可磨削出 $Ra=0.1\sim0.05$μm 的表面，超精密磨床可磨削出数十纳米精度的工件。使用金属结合剂砂轮的在线电解修正砂轮完成镜面磨削，可得到 $Ra=0.01\sim0.002$μm 的镜面。

3. 精密研磨和抛光

精密研磨和抛光技术是指：使用超细粒度的自由磨料，在研具的作用和带动下冲击加工表面，产生压痕和微裂痕，依次去除表面的细微突出处，加工出 $Ra=0.01\sim0.02$μm 的镜面。由于研磨剂含有化学活性剂，因此研磨抛光加工是一种机械与化学的复合作用过程。研磨抛光时还可降低加工表面变质层厚度。研磨抛光常用作大规模集成电路的硅基片、标准量块、平面镜、棱镜、高精度钢球、计量用标准球等制作的终精加工工序。

9.2.2　纳米加工技术

纳米是长度单位，简写 nm。$1nm=10^{-3}$μm$=10^{-9}$m。纳米技术是 20 世纪 80 年代末诞生并持续处于蓬勃发展阶段的高新科学技术。纳米不仅是空间尺度上的概念，而且是一种新的思维方式，即生产过程越来越精细，以至于在纳米尺度上直接由原子或分子的排布方式制造获得特定功能的产品。

1. 纳米技术的含义

纳米技术通常指纳米级（0.1$\sim$100nm）的材料、设计、制造、测量、控制和产品的技术，将加工和测量精度从微米级提升至纳米级。

2. 纳米技术的主要内容

纳米技术是多学科交叉技术。从基础研究角度看，纳米技术包括：纳米生物学、纳米电子学、纳米化学、纳米材料和纳米机械学等新学科。从应用开发角度看，纳米技术包括：纳米级精度和表面形貌的测量；纳米级表层物理、化学和力学性能的检测；纳米级精度的加工；纳米级微传感器和控制技术；微型和超微型机械装备；微型和超微型机电系统等。

3. 纳米级加工

纳米级加工是指：加工精度高于 10^{-3}μm，表面粗糙度值 Ra 低于 0.005μm，达到纳米级精度。包括纳米级尺寸精度、纳米级几何形状精度和纳米级表面质量。

纳米级加工方法包括：机械加工、化学腐蚀、能量束加工、复合加工、扫描隧道显微加工等。

纳米级机械加工方法包括：单晶金刚石刀具的超精密切削；金刚石砂轮和立方氮化硼砂轮的超精密磨削及镜面磨削；研磨和砂带抛光等固定磨料工具的加工；研磨、抛光等自由磨料的加工等。

9.3　柔性制造技术

为满足产品不断更新，适应多品种小批量自动化生产的需要，柔性制造技术得到了迅速的发展，主要有柔性制造单元、柔性制造系统、计算机集成制造系统等一系列现代制造设备和系统，对制造业的进步发挥了重大促进作用。

9.3.1　柔性制造单元

柔性制造单元（FMC）是在加工中心基础上，增加了由存储工件自动料库和输送系统构成的自动加工系统。FMC 有较齐全的监控功能，包括刀具损坏检测、寿命检测、产品检测和加工适时监测等。工件的全部加工一般是在单台机床上完成，常用于箱体类等复杂零件数控加工。

如图 9-6 所示为配备托盘交换系统的 FMC。托盘上装夹工件，托盘与工件一起流动，类似通常的随行夹具。环形工作台用于工件的输送与中间存储，托盘座在环形导轨上由内测的环链拖动而回转运动，每个托盘座上有地址识别码。当一个工件加工完毕，数控机床发出信号，由托盘交换装置将加工完的工件（包括托盘）拖至回转台的空位处，然后转至装卸工位，同时将待加工工件推至机床工作台并定位加工。

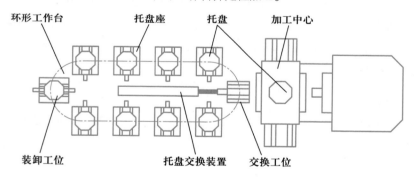

图 9-6
配备托盘交换系统的 FMC

FMC 具有规模小、成本低、便于扩展等优点，适于小批量多品种工件的生产。

9.3.2　柔性制造系统

1. 柔性制造系统的定义

柔性制造系统 FMS 是在 FMC 的基础上扩展而形成的一种高效率、高精度、高柔性的加工系统。FMS 的定义是：由若干台数控加工设备、物料运储装置和计算机控制系统组成，能根据制造任务或生产品种的变化迅速进行调整，适应多品种、中小批量生产任务的自动化制造系统。通过简单地改变软件系统的工艺参数即能够制造出多种零件。

2. FMS 的组成

（1）加工系统。该系统由自动化加工设备、检验站、清洗站、装配站等组成，是

FMS 的基础部分。加工系统中的自动化加工设备通常由两台以上数控机床、加工中心以及其他加工设备组成，例如测量机、清洗剂、动平衡机和特种加工设备等。

（2）物料运储系统。在计算机控制下，物料运储系统主要完成工件和刀具的输送及入库存放。系统由自动化仓库、自动运送小车、搬运机器人、上下料托盘、交换工作台等组成。

（3）信息系统。信息系统由计算机控制系统构成，能够实现对 FMS 的运行控制、刀具管理、质量控制以及 FMS 的数据管理和网络通信。

除上述的三个主要组成部分外，FMS 还包括冷却系统、排屑系统、刀具监控和管理等附属系统。

9.3.3　计算机集成制造系统

1. 计算机集成制造系统的基本概念

计算机集成制造系统（CIMS）是在自动化技术、信息技术及制造技术的基础上，通过计算机信息系统将制造工程生产活动相关的各种分散自动化系统有机地集合起来，形成适合多品种、中小批量生产的高效率高柔性总体制造系统。

CIMS 必须包含下述两个特征：

（1）在功能上，CIMS 包含了一个工厂的全部生产经营活动，即从市场预测、产品设计、加工制造、质量管理到售后服务的全部活动。CIMS 比传统的工厂自动化范围更广，是一个复杂的大系统。

（2）CIMS 涉及的自动化不是工厂各个环节的自动化或计算机及其网络的简单相加，而是有机的集成。这里的集成，不仅是物料与设备的集成，更重要的是体现以信息技术为本质的技术集成，当然也包括人的集成。

2. CIMS 的构成

从系统的工程角度考虑，一般认为 CIMS 可由经营管理信息系统、工程设计自动化系统、制造自动化系统和质量保证信息系统等四个功能分系统，以及计算机网络和数据库两个支撑分系统组成。

（1）经营管理信息系统。包括预测管理、经营决策、生产计划、技术准备、销售供应、财务成本、设备工具、人力资源等各项管理信息功能。

（2）工程设计自动化系统。包括产品的概念设计、机构分析、工程设计、工艺方案以及数控编程等设计制造准备一体化工作，即通常所说的 CAD、CAPP、CAM 三大部分。

（3）制造自动化系统。通常由 CNC 机床、加工中心、FMC 和 FMS 等组成。

（4）质量保证系统。包括质量技术、质量检测、质量评价、质量信息综合管理与反馈系统。

（5）数据库系统。上述四个功能系统的信息数据都要在一个结构合理的数据库系统里进行存储和调用，以满足系统信息的交换和共享。

（6）计算机网络系统。通过计算机通信网络将物理上分布的 CIMS 各功能分系统的信息联系起来，达到共享目的。

9.4　仿生制造技术

9.4.1　仿生制造技术的定义

模仿生物组织结构和运行模式的制造系统与制造过程称为仿生制造。通过模拟生物器官的自组织、自愈合、自增长与自进化等功能，达到迅速响应市场需求并保护自然环境目的。

制造过程与生命过程有着很强的相似性。生物体普遍通过诸如自我识别、自我发展、自我恢复和进化等功能，使自己适应环境的变化来维持自身生命并得以发展完善。生物体的上述功能是通过传递两种生物信息来实现的：一种为 DNA 类型信息，即基因信息，通过遗传继承和持续进化而先天得到的；另一种是 BN 类型信息，个体在后天通过学习获得的信息。这两种生物信息协调统一，使生物体能够适应复杂多变的生存环境。生物的细胞分裂、个体的发育和种群的繁殖，涉及遗传信息的复制、转录和解释等一系列复杂的过程，这个过程的实质在于按照生物的信息模型准确无误地复制出生物个体来。这与机械制造过程中按数控程序加工零件或按产品模型制造过程非常相似。制造过程中的几乎每一个要素或概念都可以在生命现象中找到对应体。

制造系统正在趋向于大规模、复杂化、动态及高度非线性化。因此，在生命科学基础研究成果中，选取富含对工程技术有启发作用的内容，将这些研究成果同制造科学结合起来，建立全新制造模式和仿生加工方法，能为制造科学提供新的研究课题并丰富制造科学内涵。此外，开发与仿生机械相关的生物力学原理研究，将生物运动仿生研究与微纳系统的研究相结合，开发出新型智能仿生机械与结构，将在军事、生物医学工程和人工康复等领域有重要应用前景。

9.4.2　仿生制造技术目前研究方向

目前的研究方向有：

（1）自生长成型工艺，即在制造过程中模仿生物外形结构的生长过程，使零件结构最外层各处形状随其应力值与理想状态的差距做自适应伸缩直至达到需求状态为止。又如，将组织工程材料与快速成型制造相结合，制造生长单元框架，在生长单元内部注入生长因子，使各生长单元并行生长，解决人体的相容性、个体的适配性和快速生成的需求，实现人体器官的人工制造。

（2）仿生设计和仿生制造系统，即对先进制造系统采用生物比拟的方法进行研究，解决先进制造系统中的一些关键技术问题。

（3）智能仿生机械。模仿生物、从事生物特点工作的机械装置。例如研制阶段的金枪鱼潜艇，预期灵活性远高于现有的潜艇，人工遥控下抵达水下任何区域，轻而易举地进入海底深处的海沟和洞穴，悄悄地溜进敌方的港口，进行侦察而不被发觉。作为军用侦察和科学探索工具，其发展和应用的前景十分广阔。

（4）生物成型制造，如采用生物的方法制造微小复杂零件，开创制造新工艺。

仿生制造为人类制造开辟了一个全新的广阔领域。人们在仿生制造中不仅是师法大自然，而且是开始学习与借鉴他们自身内秉的组织方式与运筹模式。如果说制造过程的自动化延伸了人类的体力，智能化拓展了人类的智力，那么，仿生制造则是延伸人类自身的组织结构和进化过程。

复习思考题

1. 简述快速成型技术的工作原理。

2. 简述超精密加工内涵，常用超精密加工方法有哪些？

3. 典型的柔性制造系统由哪几部分组成？

参考文献

［1］米国际. 机械制造基础［M］. 北京：国防工业出版社，2019.

［2］温秉权. 机械制造基础［M］. 北京：北京理工大学出版社，2017.

［3］张高峰. 机械制造基础［M］. 长沙：中南大学出版社，2018.

［4］任海东. 机械制造基础［M］. 北京：北京邮电大学出版社，2015.

［5］关跃奇. 机械制造基础［M］. 上海：同济大学出版社，2018.

［6］京玉海. 机械制造基础［M］. 重庆：重庆大学出版社，2018.

［7］赵建中. 机械制造基础［M］. 北京：北京理工大学出版社，2017.

［8］李玉平. 机械制造基础［M］. 重庆：重庆大学出版社，2016.

［9］龚庆寿. 机械制造基础［M］. 北京：高等教育出版社，2017.

［10］杨明金. 机械制造基础［M］. 北京：科学出版社，2017.

［11］储伟俊. 机械制造基础［M］. 北京：国防工业出版社，2015.

［12］任家隆. 机械制造基础［M］. 北京：高等教育出版社，2015.

［13］李业农. 机械制造基础［M］. 北京：高等教育出版社，2015.

［14］盛善权. 机械制造基础［M］. 北京：机械工业出版社，1984.

［15］李森林. 机械制造基础［M］. 北京：化学工业出版社，2004.

［16］马素玲. 机械制造基础［M］. 北京：轻工业出版社，2006.

［17］徐宁. 机械制造基础［M］. 北京：机械工业出版社，2012.

［18］赵峰. 机械制造基础［M］. 天津：天津大学出版社，2012.

［19］赵玉奇. 机械制造基础［M］. 北京：机械工业出版社，2003.